U0312615

东方
文化符号

兴化垛田

刘春龙 著

江苏凤凰美术出版社

图书在版编目（CIP）数据

兴化垛田 / 刘春龙著. -- 南京: 江苏凤凰美术出
版社, 2025.1. --（东方文化符号）. -- ISBN 978-7
-5741-2345-8

Ⅰ. S289

中国国家版本馆CIP数据核字第2024FY2497号

责 任 编 辑　李秋瑶
设 计 指 导　曲闵民
责 任 校 对　唐　凡
责 任 监 印　张宇华
责任设计编辑　赵　秘

丛 书 名　东方文化符号
书　　名　兴化垛田
著　　者　刘春龙
出版发行　江苏凤凰美术出版社（南京市湖南路1号　邮编: 210009）
制　　版　南京新华丰制版有限公司
印　　刷　盐城志坤印刷有限公司
开　　本　889mm×1194mm　1/32
印　　张　5.25
版　　次　2025年1月第1版
印　　次　2025年1月第1次印刷
标准书号　ISBN 978-7-5741-2345-8
定　　价　88.00元

营销部电话　025-68155675　营销部地址　南京市湖南路1号
江苏凤凰美术出版社图书凡印装错误可向承印厂调换

目录

前　言

　　作为一种土地形态，垛田早就存在，可以说是伴随着里下河平原的演进一同生长的。也许在世人看来，这一垛一垛的田块并无什么特别之处，就像起初随处可见的一丛一丛的苇田，亦如后来遍布全境的一框一框的圩田。田就是田，要么长芦苇，要么长粮食，要么长蔬菜，各行其是罢了。也许这些叫垛田的土地相对于庞大的圩田，虽说同样是开垦而成，但毕竟数量太少，在史书方志的记载里，往往被边缘化，甚而忽略了。垛田如同一块待琢的璞玉，默默地隐身在自己的岁月里，等待发现，等待亮相。

　　这一等，就到了 1958 年 4 月 11 日。这一天的《人民日报》刊登了新华社记者丁峻的摄影报道《兴化的垛田》，还有一篇题为《油菜高产说兴化》的文章。那幅盛开着油菜花的黑白照片，足以让今人想象得出最初的垛田是个什么模样。然而，在那个年代，报纸只是想说"兴化县的油菜赢得了全国大面积高产第一名""该县油菜集中区的垛田乡更是魁中之魁"。尽管随后的跟踪报道接二连三，有的报道还被拍成了纪录片，但那都是冲着"油菜生产"来的。这种全国仅有的垛田地貌，并没有因此收获更多的关注。

一晃到了 1967 年，新华社另一位记者吕厚民来到兴化。但他不是来工作的，而是"下放劳动"。困境中的吕厚民，面对兴化独特的里下河风光，精神为之一振。职业的敏感让他拿起相机，把它们尽收镜里。而最为得意的正是以垛田为背景的作品，其中就包括 1975 年第 1 期《中国摄影》封面上的《垛田春色》。此后，慕名前来的摄影家络绎不绝，他们又贡献了许多垛田美图，但都奔着"艺术创作"而去，这固然在一定程度上宣传推介了垛田，可并未发掘其蕴藏的独特价值。

到了 1994 年 4 月，也是一种机缘，这回新华社重量级人物——原社长穆青来到垛田。穆青观赏了垛田上的油菜花之后发出预言："垛田将会是 21 世纪的旅游胜地。"这或许是垛田第一次被赋予旅游上的意义，也是第一次被寄予厚望。第二年，兴化市委宣传部即与垛田乡政府联合开展垛田旅游论证活动，以期来年举办"垛田金花艺术节"。然而，事与愿违，开发垛田旅游计划未能继续向前推进。不过，在当时的历史条件下，也不失为一次有益的尝试，至少为今后的谋划提供了某种借鉴。这期间，还收获了许多推介垛田的美文，垛田也慢慢从作家们的笔端走向大众视野。

似乎从2009年4月开始，仿佛一夜之间，兴化垛田的知名度和影响力迅速蹿升，一连串的"头衔"与"名号"纷至沓来，"全球重要农业文化遗产""全国重点文物保护单位""世界灌溉工程遗产"……千呼万唤始出来，这一年兴化终于举办了以垛田为主题的"千岛菜花旅游节"（后改为"千垛菜花旅游节"）。如果说过去对垛田的宣传推介多少还有点被动与无意识，那这一次绝对是主动与有意识了。借助旅游节，借助漂在水上的油菜花，垛田的文化价值终于有了一次酣畅淋漓的释放。

来垛田的人越来越多，或赏花，或采风，或观光，或考察……人们对这方神秘的土地充满了好奇：为什么这儿会有垛田？垛田是怎么形成的？垛田为何集中出现在里下河的兴化？垛田有什么物产，有什么风俗，有什么故事？

垛田走向公众的时间太短了，人们还没来得及做好准备去接受它，就连中央电视台都曾把垛田的"垛"念成duǒ；甚至有媒体还专门讨论，垛田的"垛"到底读duǒ还是duò？

太多的好奇，太多的疑问，这对垛田走向更大更远的世界带来了一定的障碍。本书试图揭开垛田的一层层面纱，解开关于垛田的一个个谜团，向人们展示一个真实的垛田。

需要说明的是，这里的垛田或有三层含义：一是地貌特征的垛田，兴化境内所有被叫作垛田的土地；二是行政区划的垛田，亦即现今的垛田街道，过去曾叫垛田公社、垛田乡、垛田镇；三是文化意义的垛田，即其所产生的地方文化及其文化遗产价值。作者叙述时多有互用，读者如有疑义，可结合语境稍做区分。

第一章　垛从何来

垛田，古已有之。然而，遍寻史书方志，却难觅垛田影踪，直至民国年间，官方才有关于垛田的零星记载。从过去的"养在深闺人不识"，到如今的"一朝成名天下扬"，垛田已然成了一道享誉海内外的文化景观，这也使得更多的人想一探究竟：垛田到底是一个什么样的所在？

第一节　中国东南平原有垛田

何谓垛田？那就先从"垛"的读音说起吧。垛有两个读音，duǒ 和 duò，这里读 duò。从字面可以推断，垛作名词用，乃成堆的东西；作动词用，则有堆积之意。故此，垛田乃堆积之田，"水中积土谓之垛"，或曰"泥土堆积而成的垛状高田"。

打开兴化版图，你会发现城市东郊还有西北部乡镇，都遍布着大小不一、形态各异的垛田。这些垛田四面环水，互不相连，宛如一座座小岛，漂浮在万顷碧波之上。兴化城东的垛田街道又有"千岛之乡"的美誉。这样一种独特的地貌和土地利用方式，仅在江苏省里下河一带出现。

杨天民　摄

　　说到兴化垛田，有一个词是绕不过去的，那就是里下河。《大不列颠百科全书》记载：中国东南平原有垛田。这个东南平原就是里下河平原。1989年版《辞海》这样解释"里下河"："指江苏省淮河故道以南、里运河以东、范公堤以西、通扬运河以北地区。中华人民共和国成立前常受内涝，现已治理。"这里透露了两个信息：一是里下河并非一条河，而是一个"地区"；二是里下河地势低洼，历史上"常受内涝"。

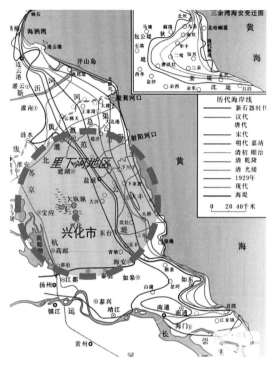

里下河地区示意图

现在通行的说法，里下河是指里运河以东、串场河以西、苏北灌溉总渠以南、通扬运河以北地区。既然叫里下河，那就不妨把这个区域的四至范围界定在四条河流之间吧。

里下河的得名源于该地区的东西两条河：一条是西边的里运河（大运河淮安至扬州段），简称里河，是京杭大运河全线中最古老的一段，前身为吴王夫差开凿的邗沟；

一条是东边的串场河，俗称下河，初为唐代修筑常丰堰及北宋范仲淹重筑捍海堤（世称范公堤）而形成的复堆河，后经历代疏通，串联了南北沿线的盐场，故而得名串场河。

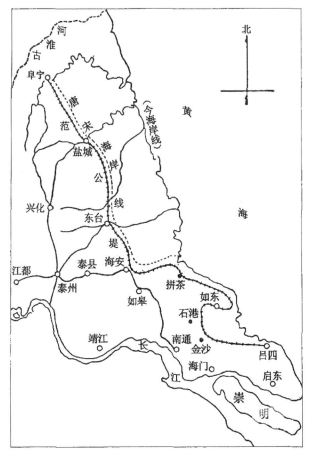

范公堤示意图

里下河地区总面积 13510 平方公里，包括兴化、高邮、宝应、江都、姜堰、东台、盐都、阜宁、大丰、建湖、东台等县市的全境或部分。里下河平原像中国大部分地区一样，也经历了由海而陆的巨变。因为近海的原因，使得境内地势低洼，四周高、中间低，宛如锅形，海拔从四周边缘的 4.5 米，下降到中间"锅底"的 1 米左右，大致从西北向东南缓缓下降，平均海拔 1.8 米。由此形成了溱潼、兴化、盐城三大洼地，兴化乃洼中之洼，俗称"锅底洼"。在江苏地图上标出里下河区域，可以看到兴化处于中心地带，就在这个"锅底"上。

那么"锅底洼"又是如何形成的？据史料记载和考古发现，里下河地区的成陆过程大致经历了海湾—潟湖—湖沼—水网平原的巨大变迁。百姓的生活方式也由以渔猎为生到农渔结合，再到以种植业为主，水土的利用也逐步完成了由水到陆的转变。

大约 7000 多年前，江苏长江以北的海岸线大致在扬州—高邮—灌南—赣榆一带。后来海平面上升至一个相对稳定的位置，海岸线呈现为向西凹进的弧形，形成了一个介于沿淮河与长江两个冲积平原之间的大海湾。

距今 6000 多年前，当时的长江在江苏的镇江、江都一带入海，淮河则在江苏的盱眙一带入海。淮河、长江源源不断地挟带大量泥沙倾泻到这片海湾，经年累月，在波浪、潮汐和沿岸流的作用下，长江、淮河的河口两岸逐步形成沙嘴沙冈和江岸，河口之间逐步形成沙滩、沙丘、沙坝，海岸线也不断向东延伸，里下河地区逐步变成一片浅海海湾。

随后的漫长岁月里，长江北岸的沙嘴与淮河南岸的沙嘴慢慢靠拢，通过盐城—东台—海安一线的沿海沙丘沙坝连接起来，形成了一个连贯且闭合的沙堤，把海湾与外海隔开，海湾变成了咸水潟湖。

接着，潟湖又开启了向湖沼和水网平原演化的进程。在长江、淮河等多支河流注入的影响下，一方面泥沙沉积又将潟湖分割成若干大小不一的陆地湖泊，另一方面潟湖水质逐渐淡化，成为淡水湖。因湖泊内泥沙淤积，逐步演变成了今天这种四周高、中间低的"锅底洼"水网平原区。

公元前486年，吴王夫差为北上中原争霸，利用众多湖泊，开挖了沟通江淮的邗沟，以通粮道。此后，里下河地区逐步得到开发，成为富饶的鱼米之乡。但到了宋金对峙时期的1128年，杜充决黄河以阻截金兵，黄河由泗入淮，尤其是1494年黄河全流夺淮之后，里下河从此成了灾害频发地区。历代政府为保障大运河漕运，每遇大水，常不惜打开里运河东堤的"归海五坝"分泄洪水，由此里下河变成了滞洪区，致使该区水灾不断，人民遭受巨大灾难。

1931年夏秋之际，整个长江流域发生特大洪水，江

王虹军　摄

淮并涨，运河决堤，里下河平原一片汪洋，民众流离失所，逃荒外流。抗日战争期间，日军难以进入里下河水网地区，江苏省政府曾一度迁往里下河腹地的兴化。

20世纪50年代，政府在里下河地区大规模兴修水利设施，开辟苏北灌溉总渠入海通道，进行里运河堤防和洪泽湖大坝的加固，灾害得到有效控制。到了70年代，随着江都水利枢纽工程的建成和入海港口的整治，里下河地区防洪能力明显增强。

里下河成陆之时，中国这片东南平原上开始出现垛田的身影。在漫长的岁月更替中，垛田在某种程度上扮演了一个见证者的角色。

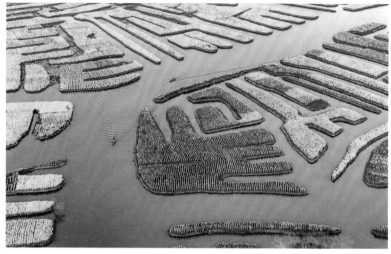

杨天民　摄

第二节　神话传说里的垛田

关于垛田的成因，民间流传着许多传说。随意问一个垛上老农，都能讲出这样那样的故事。

"相传大禹治水时……"他们常常这样开头，也许觉得兴化是水乡，垛田又是别处没有的地貌，不攀上大禹似乎说不过去。

传说有根有据：大禹治水有功，深得舜的赏识。舜紧急召见，欲委以重任。大禹顾不得劳累，带着满身泥水就出发了。走到东海之滨时，只见茫茫泽国，白浪滔天，大禹一惊，忙问随从何故。随从也不清楚，说是大概忘了治理。大禹不免愧疚，心急如焚，浑身乱抓，身上的泥巴一

周社根　摄

块块掉下来。没想到泥巴入水后慢慢长大，变成东一个西一个，大一个小一个的土墩子，也就是垛田了。

这姑且称之为"大禹说"。大禹是中国乃至世界的治水英雄，垛田这片天下独一的土地，如果少了大禹的眷顾，也就无法形成现在的模样，更不会成就一个又一个神奇。这是垛上人的自信，可大禹时代距今太过遥远，垛田的历史有那么古老吗？

于是，新的传说又来了。那就是"八仙说"，且在口口相传中，演绎出多个版本。一说八仙过海时，何仙姑抖落下一片片荷花瓣，荷花瓣就成了垛田。叙述者还不忘佐证，说兴化又称"荷叶地"，就是这么来的。一说铁拐李偷吃蟠桃，被王母娘娘贬入凡间，罚种金瓜。历经磨难，金瓜终于成熟，铁拐李酒后兴起，大啖金瓜，吐出一粒粒瓜籽，瓜籽就变成了垛田。还有一说则是将何仙姑与铁拐李的故事合二为一。两人斗法，各逞其能。先是何仙姑从手中的荷花上摘下几片花瓣，抛撒到海里，花瓣飘落在水上，慢慢变化成一个个土墩。铁拐李也不甘示弱，将系着葫芦的拐杖使劲一抖，葫芦里蹦出无数个籽儿，籽儿一掉到海里，瞬间化成数不清的垛子。

八仙的传说显然比大禹治水晚多了，对于垛上人而言，或可增加点可信度，但也只能是自我安慰。传说毕竟是传说，何况又是这样的传说，更当不得真了。大禹也好，八仙也罢，毕竟离他们太远，既有时间的，也有空间的，想要弥补此中缺陷，就得借助一个更近一点的真实的人和事，

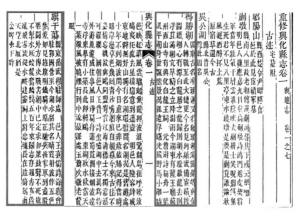

兴化县志里的得胜湖与旗杆荡

才好把这些传说续写下去。

这个真实的人就是民族英雄岳飞，这个真实的事就是岳飞抗金，由此关于垛田的传说也就有了某种真实性。明嘉靖《兴化县志》记载："旗杆荡，在县东南，岳武穆战逐金虏时，驻师于此。"旗杆荡这个地方就是因岳飞在此操练水军竖立的旗杆而得名。那时旗杆荡一带水网纵横交错、湖荡星罗棋布，岳飞利用这种独特的地形，在湖滩上开挖出一条条沟汊，挖上来的泥土堆成一个个垛子，修筑成迷宫一般的战壕，借此打败了金兵。岳家军撤走以后，当地人纷纷效仿，不断挖土垒垛，种上瓜果蔬菜，垛田也就越来越多。这算是"岳飞说"了。

这些传说是就整体垛田而言的，具体到每一个垛子每一片垛子，垛上人同样赋予了奇妙的传说。兴化有个东门泊，东门泊连着车路河，车路河向东不远处有个垛子。这个垛子上有棵梧桐树，每到夕阳时分，就有凤凰栖息其上。到了夜间，整个垛子通体发光，亮如白昼，原来垛子底下藏着夜明珠呢。这个垛子所在的地方就是如今的凤凰垛村。这条车路河，传说是刘伯温拓宽的。朱元璋登基后，老是担心江淮防务，刘伯温出计拓宽车路河，以便大军顺流而下。又在两岸堆垒若干个垛子，设置"八卦阵"，利于打击流寇。车路河再向东就到得胜湖了，周边同样垛田密布，那里有个地方叫"水浒港"。垛上人固执地认为，假如没有垛田，梁山好汉张荣伏击金兵何以"得胜"？施耐庵又怎能写出著名的《水浒传》?

这样的传说很多,不过,仅仅以传说解释垛田的由来是远远不够的。那垛田到底从何而来?

第三节　历史长河里的垛田

有人认为,垛田的堆垒是从岳飞修筑的军事堡垒中得到启发;还有人认为,垛田是由葑田演变而来。但更多人相信,在此之前,垛田早就存在了。

当里下河还是一片海湾时,兴化一带便有人类活动了。位于兴化西北部千垛镇的草堰港遗址,距今约7200—6900年,是江淮东部地区已知最早的新石器时代遗址。垛田行政区域往东几公里处的影山头文化遗址,距今约6300—5500年。彼时潟湖边缘地带已有高地出现,影山头的先民们就聚居在一处呈"回"字形的土墩上。先民择高而居,既为安全着想,也有耕作之需。这些高出水面的土墩,或可视作最初的垛岛,几乎完全借助自然力量而成。只是由于环境太过恶劣,尤其是海水的侵扰,他们不得不重新选择生存之地。垛田境内戴家村的南荡遗址,距今约4200—4100年,其所处环境散落着众多天然垛岛。人类为了生存,已然参与改造,进而自发垒土成垛,以抵御洪水侵袭。再看垛田得胜湖西的耿家垛遗址,时间当在春秋战国至西汉早期。这里发现的古井、古街道遗迹以及筒瓦(汉代官瓦)等表明,从战国一直到西汉这一段相当长的岁月里，这里曾聚居着较多的先民，形成人口相对集中和稳定的村邑，且至少在汉初已设有行政建制。专家推测这个行政建制应该是西汉盐政机构，因耿家垛乃盐渎往高邮的必经之地。这是一个"垛上遗址"，今人无法知道当初耿家垛的地形，但现在的耿家垛无疑就在一片垛田之中。彼时的垛岛仍以自然形成为主，辅之以人工加高培大，使之得到有效的利用和必要的拓展。这正是一个行政机构所在地，一个正在成长中的城镇发展所需要的。

人工垛田真正出现的时间，或许在晚唐—五代—北宋之间，"安史之乱"后，经济重心逐步南移，"天下之计，仰于东南"。这一时期，中央政府分别在洪泽湖区和古射阳湖洼地增设官屯，大规模开发江淮地区，一直扩展至兴化东部海滨，兴化一带的经济得到较大推进，北方移民的涌入也弥补了这里劳动力的不足。大历二年（767）淮南节度判官李承主持筑建的"常丰堰"告成，更是有力地推动了这一带农耕经济的飞跃发展。随着经济繁荣，人烟稠密，这里设昭阳镇，五代杨吴武义二年（920）设兴化县。北宋天圣初，范仲淹任兴化知县，在"常丰堰"基础上筑成"范公堤"。"隔外潮不致伤稼"，使得"泻卤之地尽复为良田"。地势低洼的兴化境内，土地多分布在湖荡沼泽间，实际可耕田亩并不多。伴随着人口增长，对食物的需求增加，人们争相开垦湖沼间淤积之地用来种植，"垒土成垛"渐成规模。

　　进入南宋—元朝时期，黄河夺淮入海，改道南下，带来大量泥沙，加之水患逼迫，兴化境内沼泽地露出水面。人们重建家园，垛田越筑越多，越筑越高。"垒土成垛"继续扩张。

　　垛田大面积出现应该是明清时期。明初实行"洪武赶散"移民屯田政策，"驱苏民以实淮扬"，将江南苏州府等地几十万人口强迁到江淮地区。大批移民迁入兴化，带来先进的生产技术，促进了当地经济的发展。明初人口猛增，并在明清持续增长，人们纷纷"向水要田"。同时城市规模的扩大和城区人口的增多，地近城郊且适合种植瓜果蔬菜的垛田一带得到进一步拓展。"垒土成垛"达到巅峰。

　　至此，"垒土成垛"似乎已经完成它的历史使命了，

千垛水上森林　时永　摄

该挖成垛田的地方都挖成了垛田，再无可利用的空间。但事实并非如此，到了 20 世纪七八十年代，尤其是"分田到户"之后，兴化又迎来了新一轮开挖垛田的热潮。这次的主战场是芦苇滩，即兴化人俗称的荒田。至此，"垒土成垛"才算完美谢幕。现在的水上森林景区，正是那个时代给后人的馈赠，茂密的池杉林就生长在一个个垛子上。城东垛田境内的得胜湖、旗杆荡、癞子荡周边那些规整的长方形垛田，亦是如此。为了有所区别，人们将其称为圪，或垛圪。打开 1993 年《垛田乡土地利用现状图》可以清晰地感受到这一点：杂乱无章的是老垛子，井然有序的是新垛子。这也很好理解：过去受人力与环境的影响，作为作业单位的家庭，人口有多有少，可供开挖的滩地面积有大有小，垛田也就挖得大小不一，形状各异。到了 20 世纪 70 年代，"大集体"的优势发挥出来了，可以统一规划，有组织地开挖，垛子也就有了"整齐"之美。即便是联产到劳了，开挖垛田更讲究经济合算。荒田本就平坦，加之排涝能力的提升，还有便于种植的考虑，垛子也就变得"规矩"，无须那么高那么大那么随意了。

如今的垛田大都集中在兴化中西部，尤以城东一带为多。一个最基本的事实，兴化是里下河"锅底洼"，而中西部则是最低的"锅脐"，城东的垛田街道境内更有"莲花六十四荡"之说。

对于里下河平原整体而言，地势呈四周高中间低的碟形；而对于兴化来说，地势又如东高西低的侧釜。这是因为自黄河夺淮之后，大量泥沙进入里下河兴化地区，向东入海时受到范公堤阻挡，堤西泥沙越积越多，越积越高，再加上海潮西侵，范公堤东侧又聚集了大量泥沙，抬高了地势。兴化中西部长期被洪水冲刷，水土流失严重，地势越来越低，渐渐成为水网沼泽。由此也就决定了东部早于西部开发可耕种的土地，为抵御洪涝，率先修筑围田（圩田）；西部开发较晚，土地较为零碎，加之湖荡较多，取土困难，自是不易围田，只能"垒土成垛"了。

许是便于管理，兴化曾把辖区分为5个区域：圩南、圩里、圩外、湖荡、垛田。垛田"单列"，可见其在划定的范围内数量之多，分布之广。或因湖荡、垛田太过缺乏修筑圩堤的基础条件，后来把两者也划入"圩外"了。圩南地区，位于蚌蜒河以南，清代隶属于泰州、东台，这里不做细述。圩里地区位于蚌蜒河以北，唐港河以东，市境东部偏北，自乾隆二十年（1755）始，安丰一带开始修筑圩田，继而纷纷效仿，形成老圩、中圩、下圩、合塔等大圩。剩下的中西部当属圩外地区了，包含"中部低洼区"和"西部湖荡区"。尽管中西部现在也有联圩了，但这些圩堤筑成的年代远远晚于"圩南""圩里"。垛田街道现有大大小小20多个联圩，最早的建于1958年，最晚的则建于1997年。

但并不等于圩南、圩里地区就没有垛田，只是数量偏

1958 年垛田公社凌沟大队的垛田　杨训仁　摄

1964 年 4 月 18 日《新华日报》上的垛田

1973 年的垛田　王虹军　摄

1991 年的垛田　李长捷　摄

少、分布零散罢了。据兴化档案馆提供的资料载，1949年兴化全境垛田面积 4.96 万亩，圩里地区就有 2.11 万亩，占 46.8%。1965 年年报显示，圩里地区戴窑、合塔、舍陈、永丰、大营、老圩、中圩等公社仍有千亩以上的垛田。只是到了 1992 年，圩里地区垛田只剩不足万亩，占比降至21.5%。现如今，垛田大约 6 万亩，主要分布在垛田街道、千垛镇、沙沟镇、中堡镇等中西部乡镇。那别的乡镇原本存在的垛田到哪里去了呢？显然是被强势的圩田给"同化"了。中央新闻纪录电影制片厂 1976 年为兴化拍摄的纪录片《水乡大寨花》，里面就有"推掉垛田、填平水洼、建造新田"的画面。

第四节　走向低平化的垛田

我们现在看到的垛田，尤其是垛田街道的垛田，几乎贴在水面上，似乎随时都有淹没的危险。而最初的垛田却是高大的，距水面距离三米至五米，船行其间，闻其声不见其人。浇水要来个接力赛，先在坡面上由低到高挖三四个坑塘，然后一人一个点位，手握长柄水瓢，依次上水传水，才能将水浇到垛子顶上，可见其高度和劳动强度了。

那现在的垛子为什么这么低这么平呢？一句话，放岸放的。何为"放岸"？通俗点说，就是把高垛子挖低放平，挖出的土填到周边河沟里，这样既方便耕种，又扩大了面积。以前怎么不放岸呢？主要是受制于水。当初的垛子因

纪录片《水乡大寨花》（1976 年）中的"放岸"场景

圩堤与垛田　董维安　摄

为防御水涝越垒越高，后来的垛子越挖越低，则是因为水涝得到了有效治理。尽管20世纪五六十年代就有零星的放岸，但只略略放低一点，真正大规模展开是在70年代，标志性节点是江都水利枢纽工程的建成使用，还有随之兴起的"围垛造圩"。

放岸常会挖到黑炭，扒开一块，可以看到清晰的芦苇、荷藕等水生植物的叶脉，里面还有莲子，垛上人称之为乌莲。原本黄绿色、黑褐色的莲子，也不知在地底下埋了多少年，变得乌亮乌亮的。把这些乌莲扔到水里，来年春天照样冒出片片荷叶。大姑娘、小媳妇在梳头油里放几个乌莲，据说浸泡后，抹在头发上，头发会更加乌黑发亮。

黑炭最直接的用途是当燃料。晒干的黑炭，整块的直接放到灶膛里烧。散碎的和上水搅拌黏稠了，揉捏成黄烧饼大小，贴在土墙上，也可用勺子挖成一个个面疙瘩的样子。那时家家做个炭炉子，安上风箱，烧小块的黑炭，只是煮出来的米粥常有烟味。

黑炭还是上好的肥料，它有一个学名，叫腐殖酸。兴化好像只有垛田才产腐殖酸，但也不是每个垛子都有。那时东乡里好多公社到垛上来买，连东台也过来，有的公社还派干部驻点，生怕买不着。黑炭还可用于养花，深受城里人喜爱。

放岸不仅扩大了面积，还方便了耕种，关键原因是泥土还在原地。另一种形式的放岸，却是把泥土取走，

李松筠　摄

这无疑对垛田造成了伤害。最初是给兴化砖瓦厂供泥，垛上的黏土是上好的制砖原料。那时车路河和上官河里常会看到运泥的船队，一条机船牵引着十几条装满泥土的水泥船，向西向北而去。后来垛田也办起了砖瓦厂，先是一家，接二连三，发展到四家，还有无数的小土窑，于是大河小沟里到处都有卖窑泥的船只。这种现象到了20世纪八九十年代愈演愈烈，垛子越挖越低，排涝压力越来越大，乡政府和土管部门严令禁止。乡村干部使出浑身解数，围追堵截，连挂桨船上的机器都拆下了好多台，可惜收效甚微。垛上菜农没看过《资本论》，但这种包赚不赔、无本万利的买卖，足以让他们甘冒危险，趋之若鹜。好在后来砖瓦行业遭遇整顿，禁止黏土实心砖，先是推毁小土窑，再是关闭一大批砖瓦厂，垛田境内更是不允许生产任何以黏土为原料的砖瓦。没人吃青蛙就没人捕青蛙，没了砖瓦厂也就没了卖窑泥。然而，挖低了的垛子已无法"长高"。这中间还有兴化城市建设需要填平市河，同样从城郊的垛田取土，加剧了垛子的低平化。所幸垛子还是垛子，种植蔬菜的传统依旧没有改变。

杨天民　摄

第五节　垛田的诸多称谓

如前所述，史料中并没有垛田形成的直接记载。那"垛田"一词又出自何处？兴化现存最早的一部县志，明嘉靖三十八年（1559）《兴化县志》里就有"垛"的记载，比如"铁棺垛""莲花垛"。不过，嘉靖志里的"垛"只是地名，并非特指地貌。其实垛的概念也是在不断变化的，就像原先并没有垛，后来有了垛，而现在的垛已不再是原来的垛。作为地名的来历，此处的垛确实是一个真实的存在，兴化现在还有"大垛""荻垛""护驾垛"等地名，但这儿的垛多是以居住为主的垛。明隆庆《高邮州志》列举几个叫垛的地名，如三垛、甘垛、柘垛，加注道："以上诸垛皆在北下河地方，北下河地势卑下，凡有基址隆然而起者即以垛名，其上遂成聚落。垛之大者，居民有千家，小者亦不下二三十家。近以频年水患，而屋庐飘荡，人户流移，俱不复有昔日之盛矣。劳来还定，端有待乎？"明时兴化属高邮州，又同为里下河地区。用高邮人汪曾祺的话说，两地"风气相似"。这里给居住之垛下了个定义，

杨训仁 摄

即"凡有基址隆然而起者即以垛名",且"垛之大者,居民有千家,小者亦不下二三十家"。哪像现在我们看到的垛,四面环水,大约亩许,小则几分几厘。从中可以看出,"聚落"之垛与农田之垛亦是有所区别的。

遍寻古代农书,"垛田"均未发现。查阅兴化县志,直到民国时期才见记述。20世纪40年代的《民国续修兴化县志》,介绍位于白驹的诚意书院学产时提道:"老圩東家舍垛田二亩九分,束本贤施;王家舍垛田一亩,邵殿元施。"几乎同一时期的阮性传所著《兴化小通志》谈及兴化城池时说:"想因四面环水,当时因昭阳镇遗址,联络附近垛田,合而为城……"前志来自官方,后志来自民间,这或许是见诸文字的最早"垛田"了。近来又有新发现,上海图书馆珍藏了一部清乾隆年间《李氏族谱》手抄本,出自鼎鼎大名的"状元宰相"李春芳家族,谱中记载

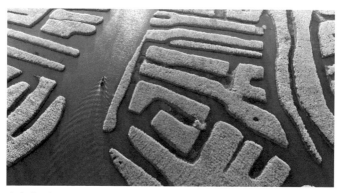

楼建镇　摄

的田产就有位于草冯庄的"垛田"。这是一份非出版物，时间在两部志书之前，想必官方不见记载，民间早有"垛田"之名了。作为地貌的垛田，其历史肯定远超作为文字的垛田。那在此之前，不管是官方还是民间，垛田又是如何称呼的呢？

还是明嘉靖那部《兴化县志》，称之为圃；明崇祯年间兴化人魏应星的诗里称之为坨："前坨儿童闹田鼓，呜呜一曲短墙东"；清道光二年（1822）《上方寺碑记》，称之为岸；民国三十二年（1943）《续修兴化县志》，称之为圃岸；数次修改、定稿于民国三十四年（1945）的徐谦芳《扬州风土记略》，也称之为坨……这么多文字记载中，"坨"与"垛"最为接近。兴化方言称垛为"tuō"，与"坨"读音相同，只是声调略有不同。或许徐谦芳记述时想不到更好的字替代，就借用了这个"坨"字。事实上，辞书中"垛"的义项并无土地形态之意，更没有收录"垛

李松筠　摄

田"一词。而在民间，垛田的称呼更是五花八门，岸、圪、垛、垛岸、垛圪、垛子、圪垛、塔垛、圃岸、埂岸、园岸、菜田、园田……这也从另一个方面说明这种地貌的独特性、稀有性，从而带来定义的不确定性。

作为一种地貌，垛田的历史久远；作为对这种地貌的命名，见诸官方记载的"垛田"还不足百年；而由地貌概念转而成为行政区划名称，垛田的历史更短。1956年，兴化政府将城东有垛田地貌的地区统一管理，成立了"垛田工作组"，1958年2月设立"垛田乡"，1958年9月改为"垛田人民公社"，1983年复称"垛田乡"，2000年撤乡设镇变成"垛田镇"，2018年区划调整称之为"垛田街道"。

杨天民　摄

第二章　随垛赋形

因了垛田的地形特殊，再经岁月的浸润，垛田地区村居的发展布局自然也就打上了"垛"的烙印。又因垛田地处城郊，城市的发展同样离不开垛田的支撑，"联垛成城"的积累，使得兴化成了一座名副其实的"垛上城"。还因城市与垛田构成的"小城大厢"的奇特格局，催生出一个独特的群体——垛上人。

第一节　三十六垛菜花圃

兴化人习惯将垛田地区统称为"三十六垛"。"垛"在这儿既指垛田地貌，更指以垛为名的村庄。兴化有垛田地貌的地方，不仅集中在现在的垛田街道，其他乡镇也有或多或少的垛田，不过以垛田地貌作为乡镇之名的仅有垛田街道一处。所以有这么一句话："兴化城东有个垛田镇，垛田镇里有无数的垛田。"三十六垛所指的正是兴化城东的垛田区域。

　　清乾隆年间兴化诗人任陈晋在《偶怀家乡风景》里写道："三十六垛菜花圃，六十四荡荷花田。虽无险峻奇风景，恰得平流自在天。"这是现今所能找到的最早的关于三十六垛的描述。顺便说一句，任陈晋是任大椿的祖父。

　　由此，我们知道了一个称谓——三十六垛。你现在到垛田去，随口说一句"三十六垛上"，垛上人自会顺着接一句"茄儿和架豇"。"三十六垛上"已经成了垛田地区的泛称，而"茄儿和架豇"则表明垛田地区的物产是蔬菜和瓜果。"茄儿和架豇"也是泛称，垛田出产的瓜果蔬菜远不止这些，曾经，但凡兴化农贸市场有卖的，大都出自垛田所产。

　　关于"三十六垛"的来历，向来有多种说法。较为传统的说法，三十六垛是概数，并非实指，而是数量众多之意，就像三番五次、七碗八碟等词一样。而另一种说法却在民间占了主流，那就是垛田地区确实有三十六垛，即三十六个叫垛的村庄。就像孙子兵法一样，三十六计就是三十六计。民国《续修兴化县志》里仅"芦洲乡"下辖的 87 个村中，以垛命名的就有 23 个。分别是：唐家垛、东浒垛、大徐垛、严家垛、麻羊垛、刘家垛、费张垛、乌羊垛、刁姚垛、小徐垛、乌牛垛、唐家垛、花园垛、何家垛、张皮垛、张家垛、北樊垛、翟家垛、解家垛、袁家垛、仇家垛、南樊垛、西浒垛。可还是不够三十六垛啊？别急，那是因为紧挨着兴化城的几

杨天民　摄

个叫垛的村庄已被城市扩占，成为城市的一部分。现在的兴化城仍有好多以垛为名的地方，比如唐家垛、龚家垛、向家垛、吉家垛、李家垛、费家垛、任家垛、花园垛、果园垛、梁家垛、太平垛、侯家垛、杨家垛、邹家垛、蔡家垛、安乐垛等，一数竟有16个。如此，仅"芦洲乡"和兴化城就有39个垛了。细心的读者不难发现，这39个垛中有3个唐家垛、2个花园垛，是不是重复了？这其

实是不同的村庄。3个唐家垛分别在竹泓镇、垛田街道和兴化城上官河畔；2个花园垛，一个在垛田街道原杨花村，一个在兴化城南。照此说法，到底是哪三十六个垛却无定论。当然，还有一种说法，三十六垛既是实指也是概数，这就有点"中庸"的味道了。说三十六垛确实存在，不包含早就在城区里的垛，只是有的村庄并非以垛为名，而耕地形态却都是垛田或以垛田为主。这又引申出垛田

地区的另一个称谓——七十二舍。这些叫舍的村庄完全可以以垛称之，只是祖辈传下来的名字，不能随便改动罢了。如此算来，又远远超过三十六垛了。

单家容　摄

第二节　我家就在垛上住

人类的居住形态多是由自然环境来决定的。重庆是山城，周庄是水镇，陕北有窑洞，湘西有吊脚楼，内蒙古有蒙古包。按说，地处里下河平原上的垛田，民居再有什么特点，也不会跳过里下河这个区域。这话既对也不对，对的是整体的风格，不对的是个体的差异。

这个个体的差异就是垛田，因其特殊的地形以及产生的过程，也就决定了垛上村落的布局与走向。俗话说，

36

垛上垛，随你住。兴化属于里下河湖洼平原，在没有形成大面积人工垛田之前，其实就已经出现少量的自然高地了，姑且称之为高的垛田。这些垛田或可用于农耕，但更多的是用来居住。起初的垛子本身就高，随便找个地方就能建房居住。明嘉靖《兴化县志》并没有作为种植之垛田的介绍，只是提到了"铁棺垛""莲花垛"这两处"古迹"，还有一条位于"县南三里"的叫"何垛"的河流。明代兴化属高邮州，明隆庆《高邮州志》中提到："凡基址隆然而起者即以垛名，其上遂成聚落。垛之大者，居民有千家，小者亦不下二三十家。"由此可见，那时的垛只是居住之地，不仅是高邮的三垛、甘垛，还包括兴化的荻垛、大垛。

现在来看垛田村落的形态，只能是因垛赋形，依垛而建。当那些大型的垛子发展成"居民有千家"甚至更多的集镇之时，那些"小者亦不下二三十家"的垛子也就成了村落。又因为垛子四面环水，各自独立，等这些"二三十家"的垛子容纳不了更多人口时，他们会选择周边的垛子，建设新的居住点。

一个典型的例子。垛田有个长安村，本名"长岸村"，只因整个村庄建在一条南北向的狭长的垛岸上，南到龙尾河，北到高杨河，长约1000米。外人不知村名的来历，想当然地写成"长安"。或许长岸村人也觉得"长安"这个名字不错，也就顺理成章地改叫长安了。更多的垛子则

王虹军　摄

是零散的，比如靠近城边的小戚村，由小戚舍、钱家舍、棟（念）八舍、唐家垛等几个自然村组成，这几个自然村都是建在一些小垛子上。

　　垛田从它诞生以来，总是与生产生活紧密相连。从兴化以及周边地区的史料中不难看到，最初的垛只是作为居住之地和村庄之名，后来当垛田难以承载越来越多的人口，垛才从居住功能逐渐向居住与生产交融，进而发展到居住与生产分离。

关于垛上村落的布局与形态，有句俗语，叫作"麻花炸的庄子、水蛇游的巷子"。前一句的"麻花"并不是指特色油炸面食的麻花，比如天津大麻花，而是炒货的麻花，原料是玉米粒，类似爆米花。垛上人家喜欢吃这种麻花，将干玉米粒放到锅里炒，当达到一定热度时，玉米粒会炸裂开来，四处蹦跳。这个比喻颇为形象，我们现在看到的垛上村庄，常常是在一个大庄台周边散落着一些小的居住点，垛上人称之为"鬆子"，或叫"洲子"，亦称"舍子"，

王少岳　摄

顾晓中 摄

呈众星捧月状。后一句还好理解，即是这样的地貌，村庄的街巷就会弯弯曲曲，宽宽窄窄，像水蛇游动的样子。这种状况在那些小村庄表现更甚，看不到一条街巷是直的，都是七拐八弯，有的巷子还特别窄，对面来人都要侧身通过。有人说，你到垛上村庄找人，即便告诉你怎么走，你都不一定找到。即便来过一次，过段时间再来，又不知怎么走了。

因是"麻花炸的庄子"，那些蹦出去的"麻花"，"鬏子"也好，"舍子"也好，想要到庄上去，只能靠船。等到"鬏子"上居住的人越来越多，船行慢慢改成桥行。由此，垛上村庄也就比里下河别处的村庄多了更多的船、更多的桥。家家户户都有船，大船，小船；木船，水泥船；出门卖青货的船，到垛上干农活的船；罱泥扒苲的船，专门沤粪的船；还有进城的帮船……不一而足。行船的方式也多，撑篙、摇橹、荡桨、拉纤、扯帆、挂桨……后来船渐渐少了，比如无须出门卖青货了，不再罱泥扒苲了，那些大型船只也就很难看到，就连帮船也随着畅通的公路走进了历史。早年前，江苏全省最后"撤渡建桥"的几个村就在垛田，这都拜其地貌所赐。

虽说现在交通发达了，但垛田境内仍有一些"鬏子"不通桥、只靠船的，那是垛上人家实在找不到地方建房了。

第三节 兴化本是垛上城

早在 2001 年，兴化就已经是江苏省历史文化名城了。然而，直到 2015 年，兴化才开始启动申报国家历史文化名城。

从现有文化遗存和基础条件来看，兴化应该符合申报标准。可兴化历史文化的最大特点是什么，辨识度在哪，还需要进一步挖掘、整理和提炼。不是说有施耐庵、郑板桥、刘熙载等历史名人，不是说有金东门、银北门等历史街区，不是说有上池斋药店、李园船厅、赵海仙洋楼等历史遗存，也不是说有木船制造技艺、茅山号子、清明节会船等国家级非遗项目……兴化就一定是国家历史文化名城。这些固然重要，缺了这些，连报名的资格都没有。不过兴化有的别的城市也有，只是名字不同，呈现的方式不同罢了。对于外人而言，他们最想知道，你这座城市的特质是什么，与别的城市的不同点是什么，或者说最大的亮点是什么，城市文化的核心价值是什么？这就需要一个响亮的名号，让人家一下子记住你。比如提到陶都，就知道是宜兴，提到邮城，就知道是高邮……

兴化文化辨识度最高的当属因水而兴的垛田，兴化本就是一座建在垛田之上的城市，兴化城至今还保留着好多叫垛的地名。这个观点一经提出，专家仍是将信将疑，继而善意提醒：不能认为垛田已经是全球重要农业文化遗产了，申报名城也要往上靠。心情可以理解，但你们总得理出其中的渊源，城与垛到底有没有关系，如有又是什么关系？

答案显而易见。城市依垛而建，城墙顺垛而筑。唐代的昭阳镇、五代的兴化县都是在一个个垛岛的基础上发展起来的。一部兴化建城史，某种程度上就是一部垛田改造史。上点年纪的兴化市民可以说出那些被城市占用了的垛田或村庄的名字：唐家垛、龚家垛、向家垛、吉家垛、李家垛、费家垛、任家垛、花园垛、果园垛、梁家垛、太平垛、侯家垛、杨家垛、邹家垛、蔡家垛、安乐垛……还有不以垛名实为垛子的施家墩、龙珠、王家塘、百花洲、解家园、方壶岛等。"中华民国七年实测十一年制印"的《兴化县城厢图》上显示，100多年前的兴化城周围依旧可以看到一片片垛田，尤其是东南角，垛子一个挨着一个，而这些垛子后来也都成为城市的一部分。兴化自五代建县到南宋中期的300多年间，县治所在地昭阳镇一直没有修筑城池，直到南宋宝

1918年《兴化县城厢图》

庆年间，才有了第一座"水裹"的土城。因垛田不规则的地形，还有无数条河流穿行其间，客观上增加了施工难度。按照《考工记》，城池、街巷、衙署如何分布是有规范要求的。从兴化几部县志里的城池图可以看出，其形状非圆非方，凹凸不平，与附近州县迥然不同，像泰州、高邮的城池就是方方正正的。兴化奇形怪状的城墙只能是循着垛田地形和河道走向而筑……这足以说明问题了。由此提炼出"水网垛城"的概念，加上"文学之乡"的命名，也就当作兴化历史文化名城的核心价值了。

这些年，兴化城市发展的方向坚持"南进、东拓、西

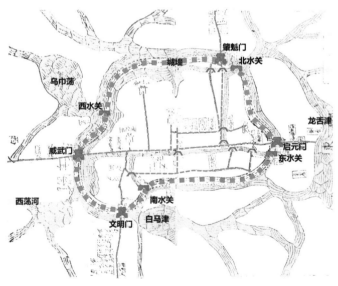

兴化古城城池

优、北控",城市东郊的垛田正是"南进东拓"的主战场。1999 年 10 月,垛田乡的沙垛、下甸两村划归昭阳镇管辖,短短几年,村庄已与城市融为一体。后来,小戚、上甸、将军庙、南樊、北樊、仇垛等村也被城市建设占用,张皮垛、何家垛、张庄、杨花等村也正在陆续拆迁中。2018 年 8 月,垛田镇直接并入城市,改称垛田街道。

这样一说,不管过去、现在,还是将来,兴化确乎就是一座垛上之城了。欣慰之余,有识之士也不免担忧,长此以往,城东的垛田有朝一日会不会消耗殆尽?他们更想表达一种愿望,兴化的城市建设应该善待垛田,与垛和谐共生,友好相处,让"垛上之城"成为"拥垛之城"。

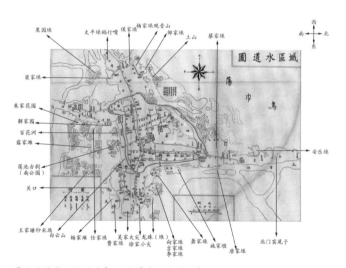

《民国续修兴化县志》里的《城区水道图》

第四节　亦城亦乡"垛上人"

如同垛田地貌的特别一样,这里的人也特别,自称"垛上人"。垛上人或可理解为一个游离于城里人与乡下人之外的相对独立的群体,兼有城里人的精明和乡下人的纯朴。这样一个标新立异的称呼,不仅有点另类的味道,还有点炫耀的成分。

在计划经济时代,人的身份划定,无外乎城里人和乡下人,也就是城镇户口和农村户口。垛上人(包括别处的山上人、坝上人、水上人)本应归入乡下人一类,也就是农村户口,可他们觉得憋屈。俗话说"三世修不到城墙根",我就住在城墙根下,怎么就是乡下人了?说自己是城里人吧,正儿八经的城里人也不认可,甚至嗤之以鼻,住在城墙根下就是城里人了?当然垛上人自己也觉得底气不足。不管怎么说,自己毕竟不是城市户口。

然而,把自己归入乡下人,垛上人又心有不甘。我们怎么就是乡下人了?乡下人最大的特点就是自己有粮田,吃粮可以自产自给,垛上人那是自己买粮吃啊!这倒是一个事实。垛田地区的村庄按拥有耕地的形态以及面积的多少,划分为两个类型:一类是纯垛村,即耕地全是垛田,没有一分一厘粮田;一类是夹种村,即耕地形态既有粮田,又有垛田。夹种村又分大型夹种和小型夹种,前者粮田面积占多,后者垛田面积占多。不管哪种类型,垛上的村庄没有哪个村没有垛田,或者说,可以有粮田,但不可没有垛田，这也是当初设立"垛田乡"的一个原则。早些年，那些夹种村也种过粮食，一季麦子一季水稻。到后来，当以香葱为主的可供脱水的蔬菜大量种植时，稻麦渐渐退出。现在夹种村再也不种粮食了，主种瓜果蔬菜。

还有一点让垛上人颇为骄傲，计划经济时代，他们的粮食供应方式是"定销"，城里人是"定量"，乡下人是"自给"。垛上人与城里人、乡下人不同，他们虽不敢妄称自己是城里人，但始终拒绝承认自己是乡下人。尤其是近郊的几个村，早已与城市融为一体。村民们熟悉城市的每一条街巷，那是他们每天挑担卖菜必经的线路。他们熟悉城市的每一处建筑、每一项习俗，甚至熟练地讲一口地道的城市特有的方言，那是从小到大身处其中、耳濡目染

吕厚民　摄

的结果。他们走在城市的人群中，看不到一点乡下人的拘谨、木讷，有的是与城里人相仿的自信、淡定。他们在骨子里早已把自己当作城里人了，有好多人家都在城里有亲戚。城里人把祖坟选在垛上，垛上人帮着看管，服务祭扫。当城里人住房困难时，那些在垛上有亲戚的人家，还会到垛上买房或建房。这在法律上是不允许的，但垛上人总显出几分厚道与包容。即便在现在，近郊的垛上村庄也常常是城里人与垛上人混居的。

在城市建设进程中，原先的三十六垛有好几个垛已经成为城市的一部分，且呈继续扩大之势。当政府把垛田镇改为"垛田街道"后，"垛上人"还真的成了"城里人"。

桑桂祥　摄

第三章 垛上物事

"垛上"概念的出现，某种程度上也就把生长蔬菜的垛田与种植粮食的乡田区别开来。但这不是一种简单的划分，不仅因为垛田确有与乡田不同的物产，更因为其有迥异的劳作方式。比如有一种计亩单位叫"缸水"，有一种销售行为叫"出门"，有一种田间设施叫"几档槽"……这是垛田以外的区域所没有的，也是垛田以外的人难以理解的。

第一节 "两厢瓜圃"与"蔬菜之乡"

兴化古称昭阳。元明两代兴化文人雅士总结出"昭阳十二景"，借此盛赞具有代表性的自然人文景观，其中"两厢瓜圃"说的正是垛田及其物产。

明万历《兴化县新志》将兴化人分为三类："都邑之内谓之坊，市廛居货之民也；郊关之外谓之厢，灌园治圃之民也；畎亩之中谓之里，耕稼樵渔之民也。"又说"瓠瓜茄芋皆出于厢"。"两厢瓜圃"即在"郊关之外","郊关之外"何处瓜果繁盛？自然就是东门外的垛田了。那"两厢瓜圃"具体位置在哪儿？明嘉靖《兴化县志》"乡都"一节有"东一厢、二厢"的行政区域划分，一厢在今垛田街道大徐垛一带，二厢则在得胜湖边。或可推断，"两厢瓜圃"的两厢就是这两厢。不过，更多研究专家认为，两厢泛指东门泊往得胜湖的河道两岸。这条河道就是今天的车路河，或许还有青苔港、澄河，以及其他河流。不管哪种说法，"两厢"遍布垛田这一点毋庸置疑。该志如是说："陂塘相望，老圃荷锄，兔角、狸头、羊蹄、蜜桶，花叶间莳，或成五色，宛如东陵佳趣也。"文中"兔角、狸头、

20世纪80年代的车路河两岸　朱春雷　摄

羊蹄、蜜桶"，依据《广雅》说法，"皆瓜属也"。而"五色""东陵"另有出处，秦代邵平为东陵侯，秦破，为布衣，种瓜青门外，瓜美，有五色，世人谓之"东陵瓜"。因长安城东门涂以青色，百姓又称之为"青门"。后来青门就被借喻为归隐之处，如此一来，"老圃荷锄"的垛田也就成了文人雅士向往的诗意田园了。

"郊关之外"的垛田，从其地貌诞生的那天起，似乎就与兴化传统粮食作物稻麦无缘。尽管历代垛田人也曾做过无数次尝试，尤其是在"以粮为纲"的年代，但稻麦终究在垛田之上难以扎根，这反倒进一步成就了垛田"蔬菜之乡"的美名。

远在"两厢瓜圃"列入"昭阳十二景"之前，垛田种植蔬菜的技艺与品质，就已在兴化以及周边地区声名鹊起。清嘉庆年间"兴化所产露果"曾作贡品，可惜民国后期失

董维安　摄

张姿鸾 摄

传了。垛田地区除了少数村庄的大田种植粮食作物，其他所有的垛子上无一例外地生长着瓜果蔬菜。兴化城里人、周边乡村、外县城镇，提起垛田蔬菜，无不交口称赞。垛田又有兴化城的"菜篮子""果盘子"之誉。

垛田蔬菜以种类多、产量高、品质好而著称。谁也说不清垛田有多少种蔬菜品种，反正传统区域性蔬菜瓜果在垛田全能找到，甚至有些品种只属垛田独有，在别处很难见到。而且每个村都有自己的特色品种，像小徐垛的"棵儿葱"，杨家荡的"大头青"，绰口荡的"连根菜"，湖西口的韭菜，乌羊的萝卜，芦洲的"芦呆子"西瓜……产量高不单是因为种植面积大，复种指数高，更是因为种植技艺精。至于何以会有如此上佳的品质，那是因为垛田的土质好。垛子本就由沼泽堆垒，施肥又是以河泥、水草等有机肥为主，再加上垛子四面环水，通风条件好，还有垛

朱宜华　摄

上独有的栽种方式，垛上蔬菜哪有不受欢迎之理？

第二节　种蓝制靛与计亩单位"缸水"

荀子《劝学》有句"青出于蓝而胜于蓝"，说靛青是从蓝草中提炼而来，但颜色却比蓝草更深。比喻学生胜过老师，或后人超越前人。

蓝草

靛青又叫蓝靛。垛田地区历史上曾广泛种植蓝草，并加工制造蓝靛。明嘉靖《兴化县志》"岁办"一栏，列有"蓝靛两千一百斤……"说明在此之前兴化就已种蓝制靛了，只是没说出自何处。大约 300 年后的咸丰《重修兴化县志》确切告之就在垛田——"大蓝、小蓝，出城东各垛，浸汁为靛。虽不及建靛之佳，然远近数百里，皆赴兴采买，其利甚溥。"民国《续修兴化县志》不仅介绍制靛之法，还解释衰微之因——"近城圃岸多植大小蓝，为染色之原料。其制法，先将蓝叶割下，浸置缸中七日；然后掺入石灰，越数日，取出蓝叶，以竹棍搅捞其所浸之汁，每天三四次；再越四五日，发现颜色，即告成功。在昔产量颇丰，自舶来品输入内地，土靛几于绝迹。近年西

《制靛图》 仲大江 绘

靛缺乏，价格奇昂，土靛复乘时种植，但远不如从前矣。"

埭田种蓝制靛时间最早、面积最多的当属何家埭，几乎家家都种，户户门外都有几只用于沤制蓝靛的大缸。这里也成了染布行业的发源地，很早就办起了靛行、染坊，尤以沙姓人家为甚，染坊一度搬进兴化东门经营。那里至今还保留着染坊巷的地名。后因化学染料逐渐取代了植物染料，蓝靛市场萎缩，埭田地区种蓝制靛大约于20世纪50年代慢慢消失。

种蓝制靛虽已在埭上消失，但一种与此有关的计算埭田面积的方法，却在不经意间保留下来。直到今天，你到埭上去，问一位上点年纪的菜农，你家种了多少地呀？他十有八九会回答你：不多，也就十几缸水。这样的回答，听的人自然一头雾水。土地的量词怎么会是"缸水"，那十几缸水又是多少呢？

原来，"缸水"就是埭田的面积单位，以收获蓝草的数量，即多少蓝草可以沤制一缸水的蓝靛，来推算埭田的面积。他们发现，大约一分地上所产的蓝草可以满足一缸水的沤制，由此得出一缸水就是一分地，十缸水就是一亩地的结论。

为什么放着现成的几亩几分的概念不用，而用外人听不懂的"缸水"这个量词呢？只能说，"缸水"的计亩方法属于埭田地区所独有。你想，平坦的粮田，量个长度宽度，相乘一下就得出面积了。而埭岸呢，一个个奇形怪状，仅从芦洲村老百姓给垛子起的名字看，就有桃子垛、琵琶垛、钥匙垛、靴子垛、榔头垛……笔架子、菱米子、酒坛子、秤钩子、龟墩子……不下数十种。垛田不像粮田只在平面种植，但凡水面（脚坎）之上的土地，不仅垛顶，所有坡面都要利用，且坡度又是有陡有缓，那么怎么测量呢？聪明的垛上人想出了以收获蓝草多少来推算垛岸面积，当属情理之中。

这种计亩单位不仅仅是老百姓口口相传，民间资料、官方文献亦有记载。

兴化有几份谱牒提到"缸水"。1846 年《戎氏族谱》："解家垛有岸七亩，计水七十缸。"这里指明一缸水就是一分地。1929 年《刘氏族谱》："上旬有岸一条，计十五缸水。"1942 年《任氏族谱》："沙家垛祖茔计岸两缸，佃王殿方。"这些族谱提到"岸"时，无一例外都以"缸

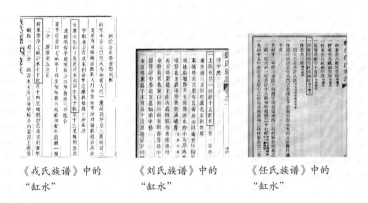

《戎氏族谱》中的
"缸水"

《刘氏族谱》中的
"缸水"

《任氏族谱》中的
"缸水"

水"计量，当算民间的一个实证了。

《上方寺碑记》中列出该寺田产——"朗祖买岸共四条，计水六十二缸；定祖买岸共五条，计水百二十九缸；弘祖买岸共六条，计水八十五缸……"朗祖（然）是明末崇祯年间上方寺住持，或许从那时起甚至更早，"岸"就以"缸水"计量了。有意思的是，随后提及的解应庵等善士施舍的"非岸之田"，又直接以亩为单位了。那碑记所说之"岸"地处何方？清代乾隆年间实珠所撰《上方寺传法交单记》给出了答案："……于寺四围置买埦岸数百缸以为佛前香火。"始建于明代的上方寺本就在垛田境内的大徐垛，后毁于战火，现在的"水上名刹"上方寺乃1996年移址重建。如此看来，上方寺周边的菜农还有一干僧众早就习惯用缸水指代垛岸面积了。

也有研究者对一缸水就是一分地持有怀疑。难道不同时代不同品种不同垛岸的蓝草单产是一样的吗？再说沤蓝之缸是否也有大小呢？不过，《民国续纂泰州志》中确切记载，"十缸水为一亩，一缸水为一分"。

第三节　垛田油菜，全国挂帅

这里说的油菜并不是直接食用茎叶的油菜，而是油料作物，结籽榨油的油菜。垛上人习惯称之为"菜籽"，其种植亦叫"长菜籽"。

油菜曾经是垛田的主要越冬作物。计划经济时代，垛上没有卖公粮之说，国家征购的也只是油菜籽。即便到了"联产到劳"以后，垛上老百姓完纳农业税的方式还是以交售油菜籽代扣为主。不长油菜籽的，就以现金结算。不像乡田其他地区，夏粮秋粮足以抵缴农业税了。

"垛田油菜，全国挂帅"发源于20世纪50年代。1958年3月11日《人民日报》称兴化"是全国油菜单位产量最高的县"。4月11日《人民日报》又刊发了农业部种子管理局局长刘定安的文章《油菜高产说兴化》，赞扬兴化"赢得了全国大面积高产第一名""垛田乡更是魁中之魁"。在此期间，全国性的油菜会议在兴化召开，与会代表参观的正是垛田

1958年4月11日《人民日报》

1958年全国油料作物生产促进会在兴化召开，与会人员参观垛田油菜田

《兴化油菜，全国挂帅》歌词

的油菜田。此时打出的口号是"兴化油菜，全国挂帅"，会上省农林厅印发的经验材料用的就是这个名字。就连垛田公社文艺演出队参加扬州会演，编排的油菜舞也是叫《兴化油菜，全国挂帅》。从"兴化油菜，全国挂帅"到"垛田油菜，全国挂帅"，除了上面所说的事实，这中间还经历了一些别的故事。

受上级领导安排，《兴化人民》报记者杨训仁拍摄制作了《兴化的油菜》画册，1959 年 2 月由江苏文艺出版社出版。画册介绍了兴化油菜的生产过程以及何以高产的秘诀，而选择的拍摄点就是垛田乡凌沟农业社。凌沟油菜种植技术远近闻名。1958 年 3 月 22 日《兴化人民》报有一则报道："去年凌沟是全县菜籽产量（单产）最高的社，获得了江苏省油菜籽一等丰产社的称号。"这样的消息无疑让人们记住了垛田油菜在兴化油菜中的地位与影响。此后，中央新闻纪录电影制片厂专门到垛田到凌沟拍摄了油菜高产专题片。第二年，另一件让垛田油菜走向大众视野的事情发生了。1959 年 6 月 30 日，新华社发出专讯："兴化县垛田公社张皮大队 348.88 亩油菜平均亩产 159.5 公斤，比去年增产 29%。"由此

江苏文艺出版社 1959 年 2 月版《兴化的油菜》

更加奠定了"垛田油菜单产全国最高"的地位。或许正是从这个时候起，"垛田油菜，全国挂帅"的说法悄悄流传开来。

好事接踵而至，又有一个人为这份荣耀增添了一道亮丽色彩，她就是"油菜姑娘"王兰英。王兰英是凌沟人，从小吃苦耐劳，处处不甘落后。有一年收获菜籽时，她因劳累过度，昏倒在地，正巧被省报记者看到，记者当即拍下这难得的场景。等王兰英醒来，记者又让她手捧黄灿灿的油菜籽拍了一张照片。这些照片连同她的事迹一起在《新华日报》刊出，王兰英成为社会主义劳动积极分子的典型。1960年春天，王兰英走进北京人民大会堂，参加"全国三八红旗手"表彰大会，受到周恩来总理的接见。从此王兰英就有了"油菜姑娘"的美誉。遗憾的是，几年后王兰英突患疾病不幸离世。

同样在凌沟，还有一位传奇人物，他叫张伯康，一个只有小学文化的农民竟然成长为"油菜专家"。20世纪50年代，兴化农业局技术干部吴孟镛（后来曾任扬州市副市长）选择在凌沟建立油菜实验基地，张伯康成为其麾下一员。他们先后培育出的油菜新品种"垛油一号""垛油二号"，都得到了省农林厅的认可，进而在全省推广。1973年，张伯康被调到扬州市农科所工作，后又聘为扬州农学院油菜专业老师。当时农学界有句话，"江苏有二康，高产有希望"。"二康"者，"水稻专家陈永康、油

菜专家张伯康"也。1977 年，垛田公社组建农科站，张
伯康毅然放弃优厚待遇，投身家乡建设，为垛田油菜高产
作出了突出贡献。

还有一个人间接地为"垛田油菜，全国挂帅"做了推
广，他就是毛主席的专职摄影师吕厚民。吕厚民于 20 世
纪 70 年代下放兴化期间拍摄了很多垛田油菜花的照片，
其中就有那幅《垛田春色》。

第四节 脱水蔬菜出口基地

蔬菜毕竟不是粮食，仅在耐储藏这一点上，不管是自
然条件下，还是借助现代技术，蔬菜远不如粮食容易贮存。
这就给蔬菜销售带来一大难题，怎么在短时间里把收获的
蔬菜卖出去，还要卖个好价钱。供应城市居民所需只占其
中很小一部分，计划经济年代也只有近郊的几个村庄享受
"订单"待遇，更多的蔬菜只能依靠自己的力量销往外地。
于是垛上催生出一种有别于他处的销售行为，叫"出门"，
这在后面将做详细介绍。

自产自销的"出门"行为，最大的不确定性是行情，
即能不能卖个好价钱。这里既有整体行情的走势，也有个
体运气的差异。能卖上一个"好市"固然高兴，但另一个
问题不是谁都能回避的，那就是安全。

如何解决这些难题，当历史的车轮驶入"人民公社"
时代，垛田的领导者想到了一个办法，那就是办脱水蔬菜

加工厂，把滞销的蔬菜脱水加工，保质保鲜，长期贮存。

何谓"脱水蔬菜"？相关解释是这么说的："脱水蔬菜又称复水菜，是将新鲜蔬菜经过洗涤、烘干等加工制作，脱去蔬菜中大部分水分后而制成的一种干菜。蔬菜原有色泽和营养成分基本保持不变。既易于贮存和运输，又能有效地调节蔬菜淡旺季节。食用时只要将其浸入清水中即可复原，并保留蔬菜原有的色泽、营养和风味。"

脱水香葱加工车间　李松筠　摄

于是，1966 年春天，种菜的垛上人开始筹建脱水厂。时任垛田公社党委书记的刘殿银带队到扬州一家脱水蔬菜企业参观学习，回来即向县里打报告请求建厂。当时县里正在筹建化肥厂，也顾不上支持垛田。但是垛田人自力更生，动员各大队筹集资金 5 万元，发动群众捐献铜铝以解电机电线之用。没过多久，就在何家垛破土动工。也许被垛田人的精神感动，县里正式发文，要求电厂、油厂、水

费孝通考察埃田脱水厂，并与厂领导亲切交谈

泥制品厂给予支持，电厂负责电力供应，油厂负责锅炉技术，水泥制品厂负责设备安装。还特批了 20 吨钢材，输电线路直接从水泥制品厂拉到何家埭。功夫不负有心人，1967 年 6 月，也就一年时间，脱水厂正式投产，当年利润就达到 3 万元。

起初只是想解决蔬菜销售难的问题，事实上也确实能"调节蔬菜淡旺季节"。可慢慢地，脱水蔬菜品种有了变化，转为外贸出口。早期的脱水蔬菜品种，香葱自不可少，还有生姜、大蒜头、韭蒜、洋葱、包菜、刀豆、胡萝卜……从这些产品不难看出，好多属于调味类，食用量很小，不需要大批量生产，而一些看似出于"调节"之需的产品，并不见市场上有卖，更看不到有谁"复原"后食用。这些脱水产品销往何地呢？那就是出口国外，赚取外汇。难道国外人会直接复原后食用吗？那也未必，更多的是用于制作方便食品，比如方便面里的蔬菜包，饼干里的配料等。

经过近60年的发展，垛田的脱水蔬菜生产工艺有了改进，从原来单一的AD（烘干），提升到FD（冻干）和IQF（冷速冻）；产品也有了扩展，从配料产品到终端产品，从佐食产品到保健产品；企业数量更是迅猛增加，从母厂派生出分厂，从乡办脱水厂派生出若干村办脱水厂、私营脱水厂。兴化现有脱水蔬菜厂102家，其中垛田街道就有46家，王横村又占了一半以上。这些厂家的骨干力量，或有垛田乡办脱水厂的经历，或与垛田乡办脱水厂有过合作关系。

江苏省脱水蔬菜出口基地

江苏省农产品加工集中区

得益于垛田脱水蔬菜的发展与贡献，兴化成了全国乃至亚洲最大的脱水蔬菜加

中国果蔬脱水加工第一县

工基地、出口基地和产成品基地。2010 年被命名为"江苏省脱水蔬菜出口基地"，2011 年被授予"江苏省农产品加工集中区"，2014 年获得"中国果蔬脱水加工第一县"称号，并被认定为国家级出口食品农产品质量安全示范区。

第五节　舌尖上的垛田龙香芋

2011 年 7 月，当《舌尖上的中国》剧组要来兴化拍摄地方风味美食时，兴化并没有推荐垛田龙香芋，而是从"六大碗"到"板桥宴"，从"早茶"到"熏烧"，从"沙沟鱼圆"到"中庄醉蟹"……统统做了介绍。

导演杨晓清显然有备而来，她启发式地问大家，兴化最出名的风景是什么？在得到垛田这个答案后，又问垛田最出名的特产是什么？自然就有人提到了芋头。杨晓清这才笑着提议，咱们就拍垛田芋头好不好？

杨晓清当时是央视农业节目的纪录片导演，接触过大量农业题材。《舌尖上的中国》筹拍时，需要一位有乡土

《舌尖上的中国》里的"芋头菜肴"

《舌尖上的中国》拍摄现场 李松筠 摄

经验的导演，于是顺理成章地邀她加盟。杨晓清执导的这一集叫《我们的田野》，主题是"从餐桌回归大地"。

拍摄的过程无须多说，读者可以通过片中的画面去感受，感受垛田的"诗意创造"，感受垛上人的"质朴聪慧"，感受垛田龙香芋"大家闺秀的气质"……如果一定要说，就说多才多艺的"全能农民"夏俊台，他的出镜让观众看到了不一样的垛上菜农形象。

《舌尖上的中国》第一季播出后，没想到"火得一塌糊涂"。听说要拍第二季，各地纷纷"公关"。垛田龙香芋，却是坐享其成。更没想到的是，第二季的开拍又让垛田龙香芋火了一把，农民艺人夏俊台受邀去北京出席了启动仪式。

2018年，央视农业频道举办"垛田故事——全球重

左为垛田文化站老站长李松筠　中间为总导演陈晓卿
右为农民艺人夏俊台

要农业文化遗产特色农产品分享会"，垛田龙香芋俨然成了主角，垛田传统农业系统更是大放光彩，经专家评审，综合价值达到 687 亿元。听到这个消息，兴化人在高兴之余不禁好奇，这当中《舌尖上的中国》贡献了多少份额呢？杨晓清的"分享"同样叫人高兴："龙香芋绝不是普通的芋头，它生长在全球重要农业文化遗产地——垛田。这一片世界上独一无二的土地上，千百年来，得天地之精华，受到垛上人的精心抚育，在这个天人合一的画面中，和万物交融在一起。这是龙香芋的幸运，也是所有能够品尝到垛田龙香芋的人的幸运。"

芋头可能是垛上作物里生长周期最长，人工劳动强度最大的作物。从育种移栽到最终收获，在田时间大约 140

天，不像香葱只需七八十天。时间长点就长点，只要人不太累就行，可芋头的管理恰恰最为辛劳。不说别的，浇水和施肥就够忙活的。芋头喜湿怕干，《舌尖上的中国》也说："这个物种最大的嗜好——喝水，但浇水却是个苦差事。"这种嗜好伴随芋头一生，似乎除了下雨，天天都要浇水。移栽初期，每天要"点浇"，用"浆斗子"一棵一棵点着浇。等梗叶长到尺把高，仍是每天一次水，这时用的是"戽水瓢"，方式则是泼洒。到了七八月高温季节，每天要浇两次水，上午下午各一次。戽水是个力气活，也是个技术活，必须两者皆能，才可运用自如。这且不谈，想想赤日炎炎下，站在脚坎上，一瓢一瓢将水浇遍整个垛子，浇到每棵芋头，该是怎样的一种体验。再说施肥，垛上曾有一道风景——社员出门摵（搅）水草，五六条、七八条水泥

收获芋头　吴萍　摄

船，在挂桨机船牵引下，到大纵湖、白马湖、高邮湖……搅来的水草铺到芋头行子间，保湿肥田，一举两用。还有一种扒苲，连水草带河泥，用耙子扒上船，再布到芋头地里……这都是过去的事了，如今浇水有了"戽水机"，施用的也大都是商品肥，省事多了，也轻松多了。

其实对于垛上人来说，苦点累点不算什么，重要的是付出有所值。中秋节前后，垛田龙香芋该上市了。他们用四齿灰叉挖起一个个芋头，挨着芋头顶端割去茎叶，剔去泥土，掰下一个个芋子，分类堆放，根归根，子归子，再大小分开，装进一个个编织袋，等待销售。早年间，县里蔬菜公司和冷冻厂也会收购芋头，但面对庞大的产量，那是远远不够的，更多的农户则要"出门"去卖。现在好了，在家门口都能把芋头卖了。这要感谢越来越活跃的经纪人队伍，正是他们的营销，垛田龙香芋才得以走向更大更远的市场，让更多的人知道垛田龙香芋，喜爱垛田龙香芋。

第六节　别样的垛上劳作

千垛景区运营初期，或许是觉得满垛的油菜花略显单调，便在垛田间竖起了几架风车。据说是摄影家建议的，以后还要布置牧童放牛的雕塑……这倒也是，有了风车、水牛的点缀，镜头里的风景确实多了几分美感。可他们有没有想过，风车怎么给垛田上水，水牛又如何在垛上耕田？

垛田因其独特的土地形态，产生了许多与他乡不同的农事。相对那些司空见惯的农活，尤其是教科书里的介绍，垛上人常有陌生感，仿佛自己被边缘化了，家乡农事竟然不被大众与主流所认可。外乡人到垛田，总会好奇，这儿的农活怎么跟我们那儿不一样？有些农活压根就没做过，有些农具甚至前所未见。如果不是垛田知名度高了，传统农业系统都成了全球重要农业文化遗产，或许就连垛上人都快忘了他们的前辈曾经这样种过地。

垛上农活到底有哪些与他乡不同，不同点又在何处？还得从风车说起。垛上哪会有风车呢，谁都没见过，也没听上辈人说过。只因垛田太过零碎了，大的或数亩或亩许，小的只有几分几厘，每一个垛子又都是独立的作业单位，且形态各异，无法封闭，风车当然"无用武之地"了。

那垛上人怎么给作物浇水呢？他们对浇水另有一个称呼，叫戽水，戽水的工具就是戽水瓢。戽水瓢由两部分组成，瓢和柄。瓢，顾名思义像瓢的形状，白铁皮制作，

戽水　吴萍　摄

后部见方，用来盛水，前面向上翘起，呈弧形，便于将水浇得更远，洒得更开。柄就是一根竹竿，长2米多，直径三四厘米。垛上曾经使用过真正的瓢，把一只长老了的大瓠子纵向一锯两半，装到竹柄上，能做两张瓢，可惜不经用。后来用过木质的，木头掏空了做成瓢状。还有藤柳瓢，用柳条编成瓢样，再抹上桐油。这两种瓢经用倒是经用，只是太过笨拙，制作也麻烦。现在则普遍使用洋锡瓢，洋锡就是白铁皮，也叫镀锌铁皮。

为防水淹，最初的垛田都相当高，垛上人不说具体高度，而用"几档槽"来描述。三档槽居多，也有四档槽，甚至五档槽的。档数越多说明垛子越高。所谓几档槽，就是在垛子斜坡上挖几个盛水的"戽兜塘"，一个戽兜塘一个人，接力传水，把水传递到垛顶。遇到面积较大的垛子，还要顺着戽兜塘方向再在垛顶上开挖灌槽。灌槽并不到边，适可而止，以戽水范围覆盖最大化为限。如果垛子太长，灌槽也不折弯向前延伸，而是平行着再来一组戽兜塘和灌槽。灌槽之间的距离，则以相对着戽水能"交头"为度。

戽水接力 吴萍 摄

镨岸 吴萍 摄

如此说来，垛上戽水与乡田戽水能是一回事吗？

同样的原因，垛上从不"耕田"，只有"锗岸"。锗就是翻地，岸即垛子。锗岸的工具叫钉耙。钉耙有大小两种，大钉耙深翻田块，小钉耙破垡碎土。别的地方肯定也有用钉耙翻地的，但垛子之上绝不会看到耕牛的身影。太过零碎的地形，密如蛛网的沟汊，限制了耕牛的发挥。

还有一些农活或许只属垛上独有，别的地方几乎很难看到。最有代表性的就是扒苲，还有揻水草。

垛上人说的"苲"，其实是水草与河泥的混合物，长芋头的绝好肥料。扒苲时，船尾两人撑船，船头一人扒苲。船头的男人将苲耙顺着船帮放入水中，把柄紧挨着早就绑好的伸出船舷的竹棍（支点），船尾的两人各站一边，使

扒苲　吴萍　摄

73

撮水草　李松筠　摄

劲向前撑着竹篙。船行一段后，船头的男人将耙子扳起提出水面，耙子里已是满满的水草和淤泥，顺势翻倒进船舱。一耙苲泥少说也有七八十斤。那苲耙就像猪八戒的钉耙，只是齿要多些，耙子上方还加了一层绳网，以防苲泥漏掉。

如果扒苲算就地取肥的话，那么撮水草常常是要出远门获得的。撮水草是垛上人的说法，实则是搅水草或绞水草。撮水草同样辛苦，村庄附近的水域都"撮"好多次了，兴化所有的湖荡也"撮"了个遍，那就要到外县去，高宝湖、洪泽湖、白马湖……

再补充说一件事，由于垛子四面临水，为抵挡河水冲刷，防止垛岸坍塌，早先垛上人还要给垛子驳脚坎。脚坎类似于驳岸、护坡，它还有另外一个重要作用——方便劳动，用作戽水、施肥、收获的走道。驳脚坎的材料叫荒垡，一种从荒田（芦苇滩）挖取的带有草根的泥块。所谓驳，就是将荒垡表层朝外，环绕河岸一周，边堆砌边夯实，形成护坡，高出水面五十公分左右。如果垛子太高，除了驳脚坎，还要铲坡，即在脚坎之上相隔一段距离再铲一条走道，俗称二坡，有的还要铲三坡，甚至四坡。

那么，垛上到底有多少与他乡不同的农活？谁也说不准。有人说还有挖岸、放岸，有人说还有秧瓜、搁种，有人说还有罱泥、挖苲……当然，现在的农活相比过去又有了新的变化，戽水用上了戽水机、镨岸用上了旋耕机、浇粪用上了泥浆泵等。但垛田的特殊地形决定了它无法实现真正意义上的机械化，即便是这样的进步，相对那些大型农业机械，简直不值一提。在农业现代化进程中，垛田明显先天不足，只有当人们需要找寻消失的传统农事时，或许才会想起垛田来。

罱泥　吴萍　摄

第七节　那些垛子间的渔事

里下河的水系纵横交错，四通八达，水里的鱼虾蟹鳖

轰沟　杨天民　摄

自是来去自如。按理，捕钓之法也是相似相通的。不过，正如鱼梁搭在溪上、鱼沪设在海边、鱼籪打在河中一样，垛下的沟汊间也就有着与别处不同的渔具渔法。这里试举几例。

轰沟。轰沟纯属垛上孩子的游戏。场所是垛子间的"岸沟"，用"轰"的方法去捕获"岸沟"里的鱼。夏日里，孩子们随意找一条岸沟，在一头或插上篓儿，或布下丝网，然后到另一头，大家一齐下水，连成一排，或蹚或游，把沟里的鱼儿赶向沟口的鱼篓或渔网。岸沟本就狭长，鱼儿又没有太多的藏身之处，在孩子们的驱赶下，只得游向出口处，乖乖落网。

惊鳖。惊鳖体现的是另一种智慧。兴化有一种垛圪，垛与沟的形状几近相似，面积大致相当。也许圪槽太过安

《惊鳖》 李劲松 绘

静，午后春阳下，甲鱼常会慵懒地浮在水面上。别看甲鱼一动不动，当有人慢慢靠近时，它猛一转身就潜入水中了。这时捕鱼人赶快抄起棍棒，一个箭步，朝着甲鱼逃生之处，奋力甩起一棒，激起巨大的声响和水花。其实棍棒根本打不到水下的甲鱼，用意是让甲鱼瞬间受到惊吓，产生恐惧，出于本能地赶紧就地躲藏。捕鱼人蹚入水中，很快会在那个点的周围摸到潜伏的甲鱼。

罱鱼。罱鱼是罱泥的顺带。垛上农活少不了罱泥，可

罱鱼　王少岳　摄

以去大河，去湖荡，去岸沟。一罱子泥提放到船舱里，随泥而下常有活蹦乱跳的鱼虾。这样的捎带有点不过瘾，等有了空闲，垛上人会专门去罱鱼，俗称"夹大罱子"。这种"大罱子"是专门制作的，罱口大，网眼稀，罱篙是笔直的，不像罱泥的罱篙要把根部"拐"成弯形。罱鱼时把罱口张到极致，猛地直按到河底，随即快速并拢提起，有鱼也就在罱网里了。通常是在冬季才会见到有人专门罱鱼，一人撑船，一人夹罱子。

　　敲提罾。敲提罾透出一股古意。罾是一种用木棍或竹竿做支架的方形渔网，形似仰伞。提罾是可以提在手上的罾，敲是提罾捕鱼时伴以敲击的动作。冬日的午后至傍晚，在垛田间的沟汊里，常会看到敲提罾的渔船。船尾的渔人将船慢慢地斜斜地向后撑去,同时用竹筒不停地敲击船舷。船头的渔人一手将提罾按到河底,一手抓着竹竿在罾门前划拉,作驱赶状。敲击声中,鱼儿沿着船体逃窜,提罾逮个正着。

芦柴钩。芦柴钩体现的是一种随意。随意从草垛上抽几根芦苇,撅成筷子长一段,想要多少就备多少,这就是钓竿了。钓线可选纳鞋底的棉线,也可用编罱网的塑料线。鱼钩就要跟渔民讨要了。钓饵呢,墙角边灰堆塘有的是蚯蚓,随意挖上几锹就有了。把穿上蚯蚓的芦柴钩插在岸沟水沿处,无数条岸沟构成无限长的水岸线,足够插下无数把芦柴钩。后来芦柴钩有了"升级版",专门用来钓取甲鱼。鱼钩改用2号缝衣针,钓线穿过针鼻在针身中间系上,钓饵则换成了

《芦柴钩》 李劲松 绘

猪肝。

把海。把海是给鱼儿设置的温柔陷阱。"把"是草把，水草把子。"海"（读轻声）是长长的袋状的网具。把海这种捕鱼工具用在鱼儿繁殖的季节，大约可以从清明一直到仲夏。傍晚时分，带上十几只把海到垛田间，先把提前扎好的水草把子扔到河里，拿起一只"海"，将袋口兜在水草把子下面，扣上绳子，另一端拴个砖块，沉到河底起固定作用。这是给鱼儿做窝呢，夜里"咬子"的鱼儿自会钻进"把海"里。

焐䌂。出䌂是漫长等待后的回望。䌂的本意是"积柴水中以聚鱼也"。春天，垛上人家选择合适的岸沟开始"布䌂"，或栽上菰草蒲草，或撒上菱种，或丢些杂草树枝，就成了"䌂塘"。随后就是"焐䌂"，这期间要减少干扰，好让鱼儿"乐不思蜀"。到了冬天，选择一个好日子"出䌂"，先悄悄用竹箔或渔网把䌂塘围起来，再用同样的方法把䌂塘隔成一小块一小块，然后就可以随心所欲地捕鱼了。

第八节　曾记当年出门忙

村庄河埠头，停靠着几条水泥船，船上装满了蔬菜，或芋头，或青菜，或洋葱，或生姜……几个男人正往船上搬东西，被子、席子、马灯、瓦锅腔、柴米油盐，都是生活用品。看看并无遗漏，一个男人拔起船桩，随手在船沿

朱春雷　摄

敲打几下，去掉沾上的泥土，继而用竹篙在船头水面上来回划拉三下，然后几条船依次出发，来一次远行，或盐城，或泰州，或南通，或上海……过个三天五天或十天八天，也许更长，这些船又回来了，舱里空空如也……

这是过去垛上常见的场景——"出门"。老辈人说，"出门"唯垛田公社独有，乡田地区无须"出门"。为什么呢？乡田种出的粮食自有公家收购，垛上长出的蔬菜就不同了，县里虽有蔬菜公司，但限品种限数量还限近郊几个大队。没办法，对于更多的远郊大队来说，他们的蔬菜只得出门去卖了。就像一场演出，观众只看了出场和结尾，并没见到中间的情节，感觉就是卖蔬菜，能有什么曲折呢？

出门的辛劳自不必说。那时出门靠行船，荡桨、摇橹、

班映 摄

扯帆、拉纤,哪样快捷哪样来。青货不同于稻麦,必须以最快速度赶到地头出售,不然会变质,甚至腐烂。没别的办法,唯有日夜兼程,一刻不停,哪怕疾风暴雨,也要拼命赶路。这还不算,碰上雨雪天气,不好开伙,又上不着村下不着店,只得忍饥挨饿。如果夏天出门,少不了受蚊虫欺负。

苦点累点倒也罢了,还要担心能不能顺利卖掉,能不能卖个好价钱。都说青货无等价,今天这个价,明天那个价,换个地方又是一个价。不过能卖掉就是好的,常常听到谁困在外面过年了都没回家,谁气得把大葱扔到河里不要了,谁刚把货贱卖了,一转身那边价格又上来了……回到开头,出发前那些看似随意的动作,其实都是想图个吉利。比如竹篙划水,意在扫除晦气,祈求顺风顺水。

辛苦过后也有快乐。等卖掉青货有了钱,尤其卖了好市，可以打打牙祭，买些鱼啊肉啊酒啊，放开肚子吃，放开酒量喝，管够。这多少有点揩集体油的味道，可一切早已约定俗成。如果再来点运气就更好了，碰巧有人要捎货，那就顺带帮个忙，赚点外快分分，也让家里人高兴高兴。

出门最怕碰到危险。都说行船走马三分命，意外好像每年都有发生。某某到乡田卖韭菜，急着赶路，雷阵雨也不避让，一个炸雷，打死两人。某某到东台卖大菜（腌菜），把碳炉子拎进水泥闷舱，煤气中毒了，幸好发现快，还是死了一个。某某到阜宁卖芋头，返回时有采购员请他们带货到兴化，本想赚点外快的，哪晓得船到黑高荡，一阵狂风，船沉了，死了三个，还有一个爬上桅杆才保住小命……

别以为卖青货都是现金结算，趸卖尚可，有时零卖还得以物换物，1斤韭菜换1只鸡蛋，1斤麦换10斤梢瓜，10斤芋头换8斤稻。物物交换论斤两还好说，怕的是换鸡蛋，一个按重量一个按个数，一趟韭菜卖下来，篮子里都是小鸡蛋。你刚嘀咕一句，怎么这么小？人家比你还理直气壮，我家的鸡就生这么大蛋，又没掐下一块来。

出门不仅卖青货，还有揌（搅）水草。垛上长蔬菜都要在行间布上水草，尤以芋头为甚，一批水草烂掉，还要布上第二批、第三批……这种垛上特有的种植方式，既遮阴又保湿还肥田。只怪需求量太大，本地水草都捞干了，要到外地去。出公社是常事，远的就要出县了，高邮、宝应、盐城、大丰……

这都是"大集体"时代的事。到了1983年"联产承包"，依旧出门，只是变成单干了。又过了10年左右，出门渐渐退出垛上人的生活。卖青货不再到外地，家门口就有蔬菜脱水厂，还有青货行八鲜行，公路也顺畅，客户可以直接开车过来。种菜懒得再布水草，罱泥扒苲都没人做了，哪还会出门摄水草呢？

刘金良　摄

第四章　垛乡文韵

如同这片土地的神奇，垛上的民间文化既有丰富多彩的表现形式，更兼个性鲜明的地域特色。它的形成与发展是和垛田这方水土密切相关的，既包括纵向上的历史传续，也包括横向上的各自呈现。这些特色文化，有的似乎只会在这方水土中生长，有的经这方水土浸润后被赋予了新的内容。它是一代又一代垛上人生产劳动的积累，继而成为这方水土上最具凝聚力的精神财富。

第一节　狂欢的"迎会"

垛上人把庙会称为迎会。庙会是我国民族传统文化的一部分，既有民间信仰，更兼世俗风情，体现了民众祈求风调雨顺、人寿年丰的朴素愿望。因其广泛的参与性、丰富的娱乐化而深受百姓喜爱，历久不衰。

垛田各地庙会大都创办于清代，主要有芦洲"东岳会"、高家荡"痘神会"和"都天会"、张皮垛"祖师会"、

庙会组照　班映　摄

北腰舍"文昌会"、绰口荡"三官会"、王横"都天会"，
还有乌羊、三羊等村的"土地会"。

　　芦洲庙会名叫"东岳圣会"，于每年农历三月二十八
日举办。芦洲是垛田最大的村庄，人口超过8000人。全
村设有总会，总会下设万福、祈福、幸福、得胜4个分会，
分会之下共有72班小会，参与迎会人数近千人。走街队
伍绵延500多米，从出会到收会，需要4个多小时。芦洲
庙会以规模大、队伍长、节目多等特点而享誉四乡八镇。
最出色的节目当属判官舞，又分文判、武判，其次是四人
花鼓与五人墓。

　　高家荡庙会的特别之处是"一庙两会"，会期2天。
原来的会期是每年农历五月初四初五，现改为正月初九初

十。第一天迎"痘神菩萨",据说是纪念余化龙和他的 5
个儿子;第二天迎"都天菩萨",是纪念张巡的。庙会表
演节目中最有看点的是高跷龙,即踩着高跷舞龙。算得上
是个"绝活",这在别处是没有的。除此之外,便是上百
盏各式各样的花灯,俊男靓女提着花灯,一路走来,让人
眼前一亮。

顾晓中　摄

　王横庙会即"都天会",每年农历六月二十日举办。
王横庙会与众不同的是庙会、灯会、戏会"三会齐出"。
庙会之日,下午迎会;晚上,少女举着各种蔬菜灯、十二
生肖灯,在村里巡游展示,有锣鼓、乐队伴随;庙会期间
请戏班,搭台子唱大戏,有时请不到戏班子还要"抢班子"。

绰口荡的庙会叫"三官会"，是敬奉"三官菩萨"的。原来"一年三会"：正月半、七月半、十月半，现改为正月初五。绰口荡庙会最为神秘的一项活动，就是请"令官菩萨"下河，预测当年汛期水位的高低。

各村庙会，虽所迎神位、人数规模、队伍结构、礼仪习俗不尽相同，但程序大致相仿，无外清街、约驾、点卯、请驾、出会、收会等环节。

清街在庙会前一天，由马皮头扎红布、手执铁杖，另有一人鸣锣开道，将迎会走街线路巡查一遍，既是清除障碍，也是提前告知明日迎会。

约驾则在清街后的晚上，由庙会主持人、分会负责人，以及判官、乐队人等，跪拜神像之前，祷告明日几时请驾出巡，保一方平安，接着给菩萨洗尘更衣。其时，三牲供奉，焚香燃烛，鸣炮奏乐；信徒道众跪拜叩首，连夜诵经。

点卯是在约驾后的午夜时分，亦即庙会当日子时前后。于神像所在大庙里，主持人手持庙会成员花名册，按照顺序逐一点名，每念一人，便有人应答"有"。花名册上所载全体"会员"，必须人人点到，但不必人人到场，多由所属"分会"负责人代应。

请驾也就是将神像请上所坐神轿。先给神像换上出巡服装，接着举行"马皮穿锥"仪式，再就是文判、武判前来朝神。神像请上神轿后，一众轿夫列队神轿两侧，待命抬驾出巡。

出会通常在下午，迎会队伍按顺序排列，沿着设定好的线路，缓缓前行。一般头锣在前，彩旗横幅、硬伞软伞随后，接着便是乐队、龙队、腰鼓队、莲湘队，挑花担、荡湖船、踩高跷、打花鼓、舞河蚌，和合二仙、八仙过海、香亭花篷、大头娃娃、丫叉小鬼、五人墓等。最后便是菩萨神驾，神驾前有头戴衙帽、身穿黑衣、肩扛"肃静""回避"木牌，手握皂板的"皂班会"护卫，马皮殿后。

收会相当于迎会结束后的小结，队伍返回庙中。收会仪式相对简单，将神像重新从神轿抬回神台，换回"日常服饰"，马皮卸下脸上的长锥，大小会长、马皮、文判武

吴萍　摄

判人等再次顶礼膜拜燃香烛，敲锣打鼓放鞭炮。至此庙会活动结束。

庙会对于垛上人而言，其实就是一场狂欢。迎会那天，家家都要派人参加，不仅在祭祀等仪式中充当信众，更要在诸多文娱表演中扮演角色。如此只能算是自娱自乐，还要尽可能邀请更多的亲戚朋友前来"看会"，垛上人称之为"望会"。谁家来望会的客人多，谁家在村里就有面子。各家都好酒好菜招待，望会只是形式，欢聚更占主流。今天来望会时是客人，明日自己村里迎会时又成了主人。

第二节 "拾破画"的际遇

1993年11月，兴化首届郑板桥艺术节期间，"垛田乡农民书画展"在文化馆举办。画展上出现了一幅奇特的作品，画面上堆砌着一张张破旧的书页、残缺的绘画、泛黄的公文、漫漶的印章……如同受了水渍、虫蛀、火熏一般，每一张都是独立的存在，相互间又有着某种关联，所有元素都归到郑板桥身上。这样的作品给人一种书卷之气、一种残缺之美，还有一种沧桑与厚重之感。观者难免诧异，竟然还可以这样作画，这又是怎样一种画法呢？

原来这叫"拾破画"，又名"锦灰堆"，俗称"破卷残书"。"拾破画"的"拾"，既作动词，也是量词。最早是由元初浙江湖州画家钱选创造的"杂画"演变而来，延至清代时曾一度失传。清乾隆年间，"扬州八怪"之一

拾破画　徐兴海　绘

高翔重振拾破画，不久传至兴化。民国时期，擅长拾破画的有朱石渠、袁德甫。到了当代，成就最高者当属钮传礼。该画以通俗的写实画风，描绘残帖、公文、彩札、废契等，几可乱真，在看似随意、实则用心堆积的图案中，能反映出完整的历史事件、人物典故、社会现实、民俗风情等主题，从而引发人们的无尽想象。

刚才提及的那幅拾破画或可叫《板桥遗风》，作者是土生土长的垛上人徐兴海。徐兴海生于1964年，杨花村人，家境贫寒，因小儿麻痹症左手致残，初中毕业后即终止学业。如此境况，养成了徐兴海沉静的性格。一次展览上，徐兴海看到拾破画，大为好奇，一下子就喜欢上了。他想学，可惜不知从何入手，只得一边模仿一边揣摩。一个偶然的机会，徐兴海跟同村人去城里卖西瓜，竟然卖到一个画画的人家。主人挑瓜，徐兴海乘隙看画，当看到画案上铺着的画作时，眼前一亮，这正是他梦寐以求、欲学无门的拾破画。兴许是处熟了，同村人跟主人说，我这位兄弟也会画画。主人尽管有点怀疑，脸上还是充满热情，什么时候把作品带给我看看。徐兴海激动不已，第二天就呈上自己的画作。这时才知道，给他指点的竟是鼎鼎大名的钮传礼先生，自然也就流露出想学拾破画的念头。钮传礼好意相劝，这种画你学不来的，莫说费时费神费力，还要对古物有研究，更需有充裕的素材资料。拜师不成，并不妨碍徐兴海痴迷拾破画，把更多的时间花在拾破画上。

邻村有个书画爱好者，见徐兴海痴迷拾破画，有心带他拜见自己的老师——兴化另一位名家魏步三。魏步三曾在垛田做过老师，当听说这位身残志坚的垛上小伙要跟他学习拾破画时，也是善意劝解，说拾破画对画家的要求太高了，书兼各体，长于工笔，没有深厚的书画基础是学不来的。好在魏步三收他为徒了，徐兴海跟着学画的同时，仍想着他的拾破画。那时又买不到教材，事实上也没有拾破画的教材，完全靠个人领悟。魏步三看出这个学生的执着与潜力，只得自编教材，列出拾破画创作的要点和步骤，写了三四百字，交给徐兴海。徐兴海靠着这份"秘笈"，刻苦研习，每完成一幅拾破画都请魏老师把关，差不多坚持了20年，硬是在拾破画领域闯出了一片属于自己的天地。

现在的徐兴海已是中国农民书画研究会会员、江苏省乡土人才"三带"能手，先后获得江苏省"五星工程奖"、全省全国农民画大赛多个奖项，部分作品被上海朵云轩和一些收藏家收藏，成为"全国'拾破画'界一颗璀璨的明星"。如今，"拾破画"被列入兴化市非物质文化遗产保护目录，爱好拾破画的垛上人越来越多，徐兴海也有了属于自己的工作室……

前几年，徐兴海创作了一幅得意之作，名叫《神奇垛田》。画风一改过去的古拙沧桑，变得明快鲜亮，画面上满满的垛田元素：以大禹治水为主调，依次排列着垛田龙香芋产业园标识、垛田油菜花邮票、省文化厅授予垛田的"民间艺术之乡"奖牌、吕厚民的摄影《垛田春色》……还别有新意地画

拾破画　徐兴海　绘

拾破画　徐兴海　绘

上了芋头、香葱。

　　仔细打量这幅拾破画，仿佛有谁打开一扇门，让观者窥见其中的秘密。那一页页大小不一的破卷残片，就像形态各异的一个个垛子，而垛子上生长着的品种繁杂的瓜果蔬菜，也正对应着破卷残片里各不相同的内容表达。这不由让人猜想，当初创造"拾破画"的钱选，还有重振"拾破画"的高翔，他们是不是来过垛田呢？

　　第三节　植入泥土的垛田农民画

　　垛田农民画源自民间绘画。与大多数兴化人一样，早期的垛田人有不少是来自苏州的移民，其中不乏绘画、刻纸、裱扎的民间艺人。在他们的影响带动下，垛田的民间绘画开始起步并逐渐兴起。不说这当中出过多少大家，只说 1975 年，仅王横村就活跃着一支 20 多人的农民画创作队伍，并在当年召开的"兴化县群众文化工作会议"上做过典型发言。随后的 20 世纪 80 年代，垛田更是涌现出一大批书画爱好者。他们都是生于斯长于斯的垛上人，作品弥漫着垛田特有的泥土气息，似乎无宗无派无根无源，纯凭一己之好，随性而为，也不见多少师传家教的印记。这样的绘画，到底有多久的生命力，外人是没法预测的。

　　1992 年，本着"弘扬民间传统文化、打造特色文化

村民欣赏农民画　张姿鸢　摄

乡镇"的宗旨，垛田乡为推动民间绘画做了一系列工作。
时任文化站站长的李松筠，对垛田农民画有着开山之功。
不过对于李松筠来说，也许就是一种职业本能。起初只是
想把活跃在这方土地上的书画爱好者组织起来，让他们有
个"家"的感觉，发起成立了"垛田乡农民书画协会"，
请分管副乡长担任会长，李松筠则亲任秘书长。协会的生
命在于活动，李松筠是个热心人，更是一个有心人。某天
到上海浦东出差，认识了北蔡镇文化站站长吴志鸣。这位
同样是有情怀的文艺"全才"，只随意聊了几句，相见不
仅"甚欢"，而且"恨晚"了。自然就有了吴志鸣带着一
帮书画家来垛田看油菜花，垛田组团去北蔡开展文化交流，

《大美垛田》 李玉书 绘

两地举办书画联展等活动。这只是无数活动中的一项，成果也就慢慢跟着来了，更重要的是得到了文化主管部门的认可。1993年11月，作为首届"中国·兴化郑板桥艺术节"活动之一，"垛田乡农民书画展"在兴化文化馆举行。

这里还要提一个人，他叫李劲松，本是个画家，后来担任兴化文化局副局长，辅导过很多农民画爱好者，给他们编教材、搞培训、办展览，不亦乐乎，人称垛田农民画的"教父"。

正是有了"二李"的热心参与、鼎力推动，1995年初，一件在"垛田农民画"发展史上有着标志性意义的事件发生了：江苏省举办首届农民画大赛，垛田乡竟有数人参赛，李玉书创作的《卖菜姑娘》一炮打响，作品在省美术馆展出并被收藏。李劲松提出，是时候打出"垛田农民画"的旗号了。功夫不负有心人，经过几年的努力与积累，正是借着农民画的贡献，2002年1月，垛田镇被省文化厅命名为"民间艺术之乡"。

即便如此，很多第一次听说垛田农民画的人仍心存疑惑：这些作品真的是农民身份的人画的吗，怎么还有学校老师、机关干部、企业员工？真的是垛田辖区的农民画的吗，不是还有外乡人，甚至城里人？其实，"垛田农民画"就是一个画种，一种表现形式，不看是谁画的，只看是不是用农民画的形式去画。更准确地说，是不是用垛田农民画的形式去表现。垛田农民画既有一般农民画的特点，风

《油菜花开》 杨东玲 绘

格质朴、造型夸张、色彩艳丽，更有属于自己的特色，那就是题材大都选自垛上生活。

说个小插曲。大约2009年，兴化市委书记到法国进修，临行前要准备点文化礼品。文化部门除了推荐郑板桥风格的书画作品，还特意请书记捎带几幅垛田农民画。书记不以为然，垛田农民画未免粗俗，浪漫的法国人会感兴趣吗？抱着试试看的心态，书记也就带了，反正也占不了多大地

《两厢瓜圃》　王一兆　陈芷怡　绘

方。没想到法国人都抢着要垛田农民画。书记不免后悔，早知道就多带点去了。

　　2011 年，"垛田农民画研究会"应运而生。从"垛田乡农民书画协会"到"垛田农民画研究会"，变化的不仅仅是名称，前者注重创作者身份，后者强调表现形式。随后的几年，政府加大对垛田农民画的支持力度，编印《兴化垛田农民画校园传习本》，举办"垛田杯"全国农民画大赛，召开垛田农民画推进会，制作垛田农民画旅游纪念品，用垛田农民画发布城市公益广告……

如今100多人的垛田农民画创作队伍中，有的在全国农民画大赛上获奖，有的入选中国民间文艺山花奖，有的成为江苏省乡土人才"三带"名人……

翻看最新一册《垛田农民画作品集》，每一页都弥漫着温馨的泥土气息，仿佛置身于那些鲜活的垛上风情里。这才是植根于垛田且为垛田所独有的艺术吧！

第四节　一个人的民歌

垛田有个村子叫张皮垛。你问村里人村名的来历，年轻人未必知道，老年人或许会说，最早来此落户的是个姓张的皮匠吧？这个似可相信，垛田好多村名都这么来的。但要问最出名的是什么，谁都知道是一首本地"民歌"——《张皮垛哭青菜》。

曾经的年代，公社也好，乡里也罢，只要举办冬训班，《张皮垛哭青菜》必是保留节目。一场报告

《张皮垛哭青菜》歌词

过后，主持人常常安排唱歌。一片掌声中，只见一个年纪稍大的妇女大大方方走到台前，清清嗓子，就唱开了：

"提起了青菜真悲伤，苦伤心儿哟，起早带晚把垛上，浇水浇菜日夜忙啊，我的个亲娘哎——"

这曲调太过伤感。随着演唱者声泪俱下地表演，周边渐渐听不到一点杂音，与刚才的会场纪律形成强烈的反差。

歌有5段，每个人都是煎熬着听到最后一段的：

"恨人不恨旁一个哦、孬中央哟，还乡团领路来相帮，弄得我家破人亡哦、杀千刀儿哎——"

一曲下来，到处都在抽泣，有的妇女都哭出声了。再看男同志，一个个眼眶红红的。第二场报告又开讲了，好多人还没从悲伤的情绪中走出来。

《张皮垛哭青菜》　虞嘉梓　摄

年轻一代并不知晓这歌的深意，以为只是旧社会一首普通民歌；主持人也没说，好像谁都应该知道似的。这歌不仅是独唱，还有三四人的表演唱。不管哪种形式，对于听歌人而言，感觉除了伤心还是伤心。

严格说来，《张皮垛哭青菜》还不能算是民歌，它只是借用了民歌小调的形式，至多是一个人的民歌。这"一个人"叫张松发，是地地道道的张皮垛人，1922年出生于张皮垛一个贫苦农民家庭，年轻时就参加了共产党领导的抗日武装，1945年加入中国共产党，一直坚持在地方开展革命斗争。中华人民共和国成立后，曾任区长、区委书记等职。1956年6月任兴化县委常委、副县长。1983年离休，2010年病逝。

熟悉张松发的人常常感慨，说张县长的一首歌就是一支部队。1946年冬天，天气特别寒冷，垛上的青菜都冻坏了，而国民党不但苛捐杂税一分不减，还变本加厉地欺压百姓。为发动群众，教育战士，张松发就想根据自己的切身体会编个唱词，诉说菜农的痛苦，揭露国民党的暴行，激发大家的斗志。曲子一定要悲，想到了"讨饭调"，再与本地民歌相融合，就有了这个《张皮垛哭青菜》。当然，这首歌在不断传唱中又添加了新的内容，曲调也有了一些改变。比如后来的表演唱，不但多了二胡伴奏，还多了男声道白。女声演唱一句，男声道白一句，都是问话式的，最后两人合唱，一改前面的大哭大悲，变得热烈而欢快，

一听就是陕北民歌《拥军花鼓》的曲调:

"东方发白天刚亮,来了救星共产党,领导我们向前进,老百姓翻身把家当。"

老人健在的时候,常会哼唱这首歌。有一点颇让老人自豪,1959年,张皮垛的油菜籽单产曾创全国最高,从"哭青菜"到"垛田油菜,全国挂帅",这也不枉过去闹革命的付出啊!无论战争年代发动群众、鼓舞士气、夺取胜利,还是和平时期弘扬革命精神、激发建设热情,这首歌的意义无疑是得到充分肯定的。现在,兴化人只要提到张皮垛,必说《张皮垛哭青菜》;只要谈到垛田乃至兴化革命历史,《张皮垛哭青菜》是个必然提及的话题。

这里再讲个故事。有一年,村民刘鹤荣到永丰圩卖大菜(青菜的一种,也叫腌菜)。傍晚到了一个村子,村里人听说他是张皮垛的,就问他会唱《张皮垛哭青菜》吗?刘鹤荣当然会了,那人连忙把队长请来一块听。刘鹤荣一曲唱罢,岸上人一片唏嘘。队长哽咽着说,垛上人真苦啊,你的青菜,我们全包了。果然,第二天一早,两船大菜,一万五六千斤呢,一"抢"而空⋯⋯

第五节　判官舞、高跷龙及其他

垛田庙会的踩街(迎会)节目丰富多彩,有的节目并非庙会期间才表演。只要逢上重大节庆活动,像春节,像某些庆典,这些娱乐化的表演自有其舞台。当中又有几个节目因其鲜明的地域特色，显得与众不同，比如判官舞、五人墓、高跷龙与四人花鼓等。

判官舞在垛田庙会中较为常见，相传为纪念唐代淮南节度判官李承。兴化早期为大型湖盐盆地，慢慢演变成为水网平原，因地势低洼，常受海水倒灌之灾。唐大历年间李承主修常丰堰，阻挡了海水倒灌，人民的生产生活得到较大改善。为纪念这位为民造福的判官，人们在本土傩舞的基础上编排了"判官舞"，以此表达崇拜先贤、祈福去灾的愿望。判官舞借鉴了戏剧艺术，具有一定的程式与规范，并分化为"文判"与"武判"。文判又称"走判"，以"官步"在地面行走。表演者一身判官装束，一手握斗笔，一手执"生死簿"，主要动作有大开门、小开门、掸尘、托魁、斟酒、三跪九叩、苏秦背剑、太公钓鱼等。武判又称"抬判"，由4名男子抬着行走。表演者以武官装束，彩妆武官脸谱。表演动作在判台上完成，有白鹤亮翅、金鸡独立、倒挂金钩、蜻蜓点水、童子拜观音等。判官舞在兴化有着相当的艺术价值和深厚的群众基础，早在1956年和1964年，曾两次参加

判官舞　吴萍　摄

江苏省民间舞蹈会演获得好评，并入选文化部编纂的《中国民族民间舞蹈集成》。

五人墓也就是张溥所作《五人墓碑记》中所记述的五人墓。这本是苏州之事，却与兴化和垛田有着某种联系。明朝天启年间，魏忠贤残害东林党人，派旗尉往苏州捉拿周顺昌，引起民愤。颜佩韦、杨念如、马杰、沈扬、周文元五义士发动数万人包围知府衙门，后遭镇压，五人罹难。"然五人之当刑也，意气扬扬，呼中丞之名而詈之，谈笑以死"（张溥《五人墓碑记》）。事后，周顺昌葬于兴化竹泓，竹泓紧挨着垛田；周顺昌及杨念如后裔避难到兴化。庙会中的五人墓节目只是还原五义士赴死的场景，由五人装扮，均五花大绑，背插处斩牌，或行走于列队中，或站

五人墓　朱宜华　摄

立在囚车里，前有"兵卒"开路，后有"刽子手"压阵。节目虽有几分悲壮，但意在表现五义士的英勇气概，借以鞭挞丑恶，弘扬正气。

高跷龙　李松筠　摄

高跷龙舞，顾名思义，一种将踩高跷与龙灯舞融为一体的舞蹈形式，也就是踩着高跷舞龙。它既有踩高跷的惊险，又有舞龙灯的热烈；既考验个人技巧，又讲究整体配合；既可在街巷巡游，也能在场地表演。对于表演者而言，既要练就扎实的踩高跷的基本功，又要掌握舞龙的技术要领；既要身强力壮有足够力气，又要心灵手巧有艺术才气。这是一项高难度、高"耗能"的艺术门类，源于古代、传之民间，算得上是民间艺术的"珍稀品种"了。目前还未见到其他地区有关高跷龙舞的报道，垛田的高跷龙舞极有可能"独此一家"，堪称"中华一绝"。垛田的高跷龙舞也只活跃在高家荡村，踩高跷、舞龙灯的活动在高家荡由来已久。清乾隆年间，村里创办庙会。村民高德文为丰富节目内容，提高表演难度，增强庙会吸引力，第一个提出将踩高跷和舞龙灯合为一体的大胆设想。他多方拜师，反复揣摩，刻苦练习，终于形成了"高跷龙舞"这种独特的艺术形式。

四人花鼓　吴萍　摄

四人花鼓也是流传于垛田一带的民间表演形式，尤以芦洲村最为活跃。表演时，一位女子扮演红娘，手舞莲湘，另外三人则打扮成小丑模样，一人执扇，一人持手鼓，一人敲小锣。四人口唱花鼓戏，彼此穿插，来回跳跃，曲调活泼，动作诙谐，妙趣横生，充满了乡土气息和喜庆色彩。据传，四人花鼓源于"花鼓救驾"的故事。说是朱元璋与大将常遇春、胡大海三人被陈友谅的部下追杀至垛田一带，巧遇一群艺人正在表演节目，艺人迅速在三人眼鼻间涂上白色，装扮成小丑模样，和他们一块表演。陈友谅部下无法辨认，三人因此得救。后来艺人们据此演绎成四人花鼓，在庙会、节庆活动中演出，广受百姓喜爱。这样的故事并不见史书记载，颇具丑化与讽刺功能，表达了江淮民众对朱明王朝的藐视与不屑，寄托了对兴化张士诚的同情与怀念，还有对江南故土的思念与回望。

第五章　因垛结缘

　　垛田从什么时候开始引起世人的关注？没人说得清楚。但总有一些人恰到好处地与垛田不期而遇，而"世外桃源"般的垛田，又怎能不让他们心动？于是，垛田走进了他们的世界，通过他们的故事、文字、书画、影像……走向更大更远的世界。就像陈逸飞那幅关于双桥的油画，原本只是"故乡的回忆"，却不经意间传播了周庄古镇。其实这就是一个缘啊！

第一节　"昭阳十二景"中的垛田

　　"昭阳十二景"的命名有个过程。元后期即有"昭阳八景"：阳山夕照、木塔晴霞、三闾遗庙、景范明堂、沧浪亭馆、玄武灵台、胜湖秋月、东皋雨霁。明代两次增补，先增"龙舌春云""南津烟树"为"昭阳十景"，后补"十里莲塘""两厢瓜圃"为"昭阳十二景"。明嘉靖三十八年（1559），知县胡顺华主修的《兴化县志》载有具体条目。

　　垛上人常引以为傲，十二景中垛田就占了三席：胜湖秋月、十里莲塘、两厢瓜圃。这当然不错，可稍加推敲，尚不够严谨。作为行政概念的垛田，那时还没出现，而作为地貌概念的垛田，并不属于行政概念的垛田所独有。"昭阳十二景"中的垛田更应该是地貌概念的垛田，如此，与垛田有关的就不仅仅是这三景了。

　　"两厢瓜圃"前面已介绍，这里不再赘述。

　　说说"十里莲塘"吧。明弘治六年（1493）兴化知县熊翰曾有《十里莲塘》诗："湖水纡回十里强，绕湖尽是种莲塘……""十里莲塘"到底在哪个地方，说法不一。一说"莲花六十四荡"的整个区域，一说兴化城往得胜湖的某条河道。胡志说："东接胜湖，莲花夏开，远近相映，放舟采之，若耶而下不数也。"这是注释"十里莲塘"的。

十里莲塘　周社根　摄

再有"县南半里许，接得胜湖西，接海陵溪，共十里，其间植莲"。这是介绍"莲塘浦"的。还有"自芦洲入得胜湖，红莲十里，邑之奇观也"。这是解说"莲花六十四荡"的。对于垛上人来说，不管哪种说法，只要"十里莲塘"在垛田境内就行了。"十里莲塘"究竟有多美，古人早就"题诗在上头"了。只说一件事，大学士高穀告老还乡后，曾一度"筑室莲花六十四荡中"。

"胜湖秋月"确是在垛田境内。胜湖，即得胜湖，原名率头湖，亦称缩头湖。因梁山好汉张荣等四义士在此结寨，伏击金兵获得大胜，而改叫得胜湖。对于居住湖边的垛上人而言，得胜湖秋天的月亮与别处任何季节的月亮没什么不同。兴化的湖荡多了，这帮文人为何看中得胜湖呢？也许得胜湖的月亮比别处更大更圆更亮吧。泛舟湖上，蓦抬头，月亮仿佛就挂在眼前，如此圆润，如此圣洁，看得见桂花树，看得见嫦娥，看得见玉兔……一切似乎触手可及。再看近旁静静荡漾的湖水，窃窃私语的芦苇，默默守望的垛田，在明月的朗照下，越发鲜活而生动了。胡志关于"胜湖秋月"的注解是这样的："湖水纡回，广袤二十里，夜月如练，晃朗无际，可谓水天一碧也。"湖水何以"纡回"，按理都"水天一碧"了，又怎会曲折盘旋？或许是丛丛芦苇分隔了整片湖面，湖水也成了一条条"纡回"的河道。这里除了芦苇，还应有垛田的加入，湖边人家在浅水低洼处堆垒的一个个垛田，同样助推了湖水的"纡回"。

再次抬头望月，忽而就想起李白的"今人不见古时月，今月曾经照古人"。先贤们偏爱胜湖秋月，不仅在于赏秋月之美，还有抒怀乡之愁，更有寄思古之情吧！

再说"东皋雨霁"吧。兴化本是垛上城，城东更是集中了大量垛田。"东皋雨霁"的大致范围在兴化东城外大尖、小尖及向家垛、吉家垛、李家垛附近。向、吉、李三垛大致独立，而大尖、小尖严格说来只是"半垛"。胡志描述该景："郊畴百里，平旷一色，时雨初霁，禾麻如茵。"照此说法，上文的"大致范围"并不能解释"郊畴百里"，还应向东更远。由此，"东皋雨霁图"更应该是这样一个画面：一场春雨过后，阳光明媚，碧空如洗，大地一片清新。近景是巷陌人家的向吉李、大小尖等垛岛，中景是帆影点点的上官河，远景是生机盎然的块块垛田，一直延展到天边。我们无法知晓当初的"东皋"是个什么模样，但可以肯定的是：那时没有高大的楼宇，没有包围垛田的圩堤，没有横跨上官河的野行大桥……这样的"东皋雨霁"才显得那么纯粹，那么实在，也才让"久在樊笼里"的文人生出"复得返自然"的快慰。

明洪熙元年（1425），高毅在"昭阳八景"基础上增加了"龙舌春云"和"南津烟树"两景。胡志说："龙舌春云，县之东，巨津荡漾，尝有云气缥缈于间，而津傍沙嘴，形长如舌，故名之曰'龙舌津'。"或许觉得龙舌津格局小了，高毅又把这一景区扩展到更大范围，连同东门泊也划入其中。这一划，真成"巨津"了。高毂赞"龙舌春云"："龙舌津头龙雾生，飓风垂碧挂春城。漫从巫峡朝为雨，忽傍吴山晚弄晴……"龙舌津也就是百姓所说的龙津河，不过早就淤塞填埋了。好在东门泊还在，只是瘦身了许多，此乃车路河、兴姜河、上官河等几条大河的交汇处，周旁还连接着无数条小河，不仅有城市的龙津河、米市河，还有通向村庄的河流，通向垛田的沟汊。试想一下高毂命名"龙舌春云"的年代，车路河两岸还没有圩堤，南侧也没有兴东公路，北边更没有通湖大道。直白一点说，东门泊周围全是"裸露"的垛田，一个个高耸于水面之上。如此这般的众多河流汇聚之地，水面定然开阔浩大，逢上某个适宜的天气，空中水汽弥漫，再经阳光照耀，可谓云蒸霞蔚，气象万千，龙津河和东门泊之上如同翻滚着变幻莫测的"春云"。而无数垛岛隐映其间，又增添了几分奇诡色彩。如果你有足够的运气，邂逅"海市蜃楼"也是可能的。兴化人称之为"现城"——春云之上突现似曾相识的城景，那井然有序的屋舍，店铺林立的街市，熙熙攘攘的人流，还有城边若隐若现的垛田，就像一部早年的默片电影。

东门泊向西没多远就是南官河了。南官河又叫南津河，范仲淹任兴化知县时把这片水域称作"南溪"，"南津"是后来的名字，"南津烟树"说的就是这个地方。胡志载："南津烟树。高邮、海陵二水北流，合于务子曲折向城东驰，停为巨潴,名曰'南津',有烟树苍翠,望余无际。""烟树苍翠"四字看似与垛田没什么关系,可南津之上耸立着无数的垛岛。附近还有"中原才子"宗臣的百花洲,百花洲正是在几块垛岛上建成的。世人对宗臣的了解是他"后七子"的美誉,以及那篇旷世奇文《报刘一丈书》,哪管百花洲怎么建的呢。

纵观"昭阳十二景",城里之景自然与垛田密切相关,似乎只剩"在县西四里"的"阳山夕照",还有"在县东五十五里"的"木塔晴霞"与垛田没啥关系了。但可猜想,阳山乃九水汇集之地,谁能说命名"阳山夕照"的元明之际,这里就没有垛田?还有"木塔晴霞"周边有无垛田,谁也不敢妄断,但明"状元宰相"李春芳族谱里就有"垛

采菱 单家容 摄

田"田产在木塔寺附近的记载。

"昭阳十二景"寄托了兴化人的人文理想。试问，假如从中抽去垛田这个色块，"昭阳十二景"又会是怎样一种呈现呢？那么，到底是垛田无形中成就了"昭阳十二景"的美名，还是"昭阳十二景"不经意间彰显了垛田的魅力？

第二节　施耐庵与"水浒港"

兴化流传着许多关于施耐庵与水浒的传说，谁都能随口说上几则。更有热心人搜集整理出书，以至于"施耐庵与水浒的传说"都入选江苏省非物质文化遗产保护名录了。而在垛田街道境内，传播甚广的则是"施耐庵与水浒港"的故事。

你到芦洲村去，站在车路河南岸，随意问一个上点年岁的村民："请问水浒港在哪里？"那人准会伸手往对岸的得胜湖一指："喏，就在那儿。"你顺着他手指的方向

湖上人家　杨天民　摄

望去，那里是一处开阔的水面，茂密的菰蒲苇荷中间隐约可见一条河流，缓缓流向得胜湖深处。这个水浒港的"港"，是指一个地方，还是一条河道，外人不甚明了，就连本地人也是两种说法都有。

查《新华字典》，"港"有三层意思：一是江河的支流，二是可以停泊大船的江海口岸，三是指香港。这样说来，这水浒港的"港"，当然是第一层意思了。芦洲村东边通向竹泓镇的河道就叫九里港，得胜湖西有条通向兴化城的河道就叫青苔港，兴化境内还有雌港、雄港两条大河呢。

无独有偶，得胜湖东侧的湖东口村也有一个水浒港。这个水浒港是个斜向的河道，西北起自得胜湖，从湖东口东侧经过，东南达车路河，也就 1.5 公里路，与得胜湖西南侧的水浒港有着同样的风景：湖水潺潺，蒲苇萋萋，野

水浒港原址　虞嘉梓　摄

鸟阵阵，游鱼群群。

到底哪个水浒港是真的，不仅芦洲村与湖东口村的人有争议，兴化的文史专家也是各执一词。也许在垛上人看来，每一条进入得胜湖的河道或区域都叫水浒港。不过，在到底是先有《水浒传》还是先有水浒港这个问题上，

湖边村庄　杨天民　摄

垛上人倒是言之凿凿，肯定是先有"水浒港"后有《水浒传》啊。这个结论的依据就是：如果没有得胜湖，没有水浒港，施耐庵怎么可能写出《水浒传》呢？

得胜湖起初叫率头湖，其状如龟，后因水位下降，原先湖面伸出部分变成陆地，又称缩头湖。南宋绍兴元年（1131），梁山义军张荣在此安营扎寨，一战剿杀金兵万余人，后人遂将此湖改为得胜湖。金兵何以会败，史料记载"不善水战""陷入泥淖"，并无多少细节。而垛上人则认为，义军取胜全凭得胜湖的特殊地形。湖里生长着丛丛芦苇，周边是纵横交错的垛田，犹如水上"迷宫"，义军又在湖中打下根根暗桩，再造一个水下"八卦"。垛上

人自豪地讲，倘若没有迷宫般的垛田，也就没有得胜湖大捷。200多年后，另一场抗元大战又在此打响，这次的英雄是兴化白驹场盐民领袖张士诚，大战同样取得胜利，同样少不了得胜湖特殊地形的功劳。

施耐庵辅佐张士诚多年，亲历了这场战争，之前早就熟悉张荣抗金事迹。当他辞去钱塘县尹客居苏州时，即以张士诚盐民起义为背景，结合宋江农民起义的故事，糅合张荣义军的战例，开始撰写《江湖豪客传》。归隐故里后，经过一番辗转，得胜湖成了施耐庵最喜欢的去处。垛上人对此有多种说法，一说泛舟湖上观景赏月，一说设馆湖畔教习民众，一说筑室湖中潜心著书。不管哪种说法，此时的施耐庵定是一边搜集创作素材，一边续写《江湖豪客传》。直到洪武二年（1369），天下已定，施耐庵才回到他的老家施家桥，埋头修改《江湖豪客传》。等要定稿时，施耐庵总觉得书名不太满意，遂与门人罗贯中商量。罗贯中自然理解他的心思，不说书中写了什么，单看书名就有点张扬，也太过直白，想到老师曾隐居得胜湖的水浒港，不如叫《水浒传》吧。

今天的研究专家认为，"水浒"既有水边的本意，又有《诗经》记载的"古公亶父，率西水浒"的典故，还有暗指梁山好汉走投无路的寓意。他们哪里知道，这纯属巧合，只是兴化垛田得胜湖里有个"水浒港"罢了。

《耐庵沉思图》 郑飚作

第三节　生于垛田的郑板桥

郑板桥是兴化人，这是毫无疑义的。要问郑板桥出生在哪里，想必众口一词，当然是城里了。再具体点呢，不就是古板桥旁的郑家大堂屋嘛。然而，在垛上老百姓的口传中，郑板桥的出生地既不在城里，也不在乡下，而是在垛上，在垛田的下甸村。

说郑板桥母亲临产时，正遇他老太（曾祖母）病逝。按风俗，家有长辈去世，不能在家生孩子，以免血光冲着逝者。如果谁家接纳临产之妇，是要倒大霉的。俗话说"借死不借生"，郑家急坏了，这边要操办丧事，那边还要照

黄俶成《郑板桥小传》

顾产妇,这该如何是好?难决关头,家中婢女费氏想出一个办法,她说这个禁忌并不包括同族本家,何不去附近下甸的郑家"借生"呢?费氏后来就是郑板桥的乳母,她是近城费家垛人,下甸紧靠费家垛……

若干年后,这事被兴化乡贤、扬州大学教授黄俶成知道了,他经过一番实地调研,旁征博引,最终认同了这个说法,写进了他的一部专著里。这本 1993 年由百花文艺出版社出版的《郑板桥小传》,明明白白记述了这件事的来龙去脉。

《板桥家书》中就有一段话,似乎从旁印证了这种说法。郑板桥在范县任上第二年给家人写信,先是唏嘘一番"可怜我东门人",继而嘱咐:"汝持俸钱南归,可挨家比户,逐一散给……下佃(甸)一家,派虽远,亦是一脉,皆当有所分惠。"(《范县署中寄舍弟墨》)想来,郑板桥长大后,乳母费氏定会告诉他出生的波折,他也就牢牢记住了"下甸一家"。

也许有人会问,单凭下甸村的一个传说、黄教授的一家之言,还有《板桥家书》里的一语带过,难道就能佐证郑板桥出生在垛上?好多文史专家也是不置可否。郑板桥出生在垛田，对于垛田以外的兴化人而言，并无任何意义，反正是兴化人就行了。但对于垛田人来说，他们就会有一种更亲近的感受，一种真老乡的自豪。不说别的，就是出门在外或是接待来客，也能多个谈资，多分炫耀。

这么说，并不足以证实郑板桥就出生在垛田，只是表明郑板桥与垛田有着某种情缘罢了。不过，民国时期《兴化小通志》上的一句话，从另一个方面给出答案。在考证兴化建城史时，说城区"颇具畸形，与他域异。想因四面环水，当时因昭阳镇遗址，联络附近垛田，合而为城……"垛田就在城东，紧挨着城区。细数一下，兴化城区确实有太多太多叫垛的地名，仅郑

垛田镇地形图局部

板桥故居所在的东门一带就有费家垛、向家垛、吉家垛、李家垛、炒米垛、虾儿垛……这些地方原先就是一片垛田，因为城区的扩张，而把垛田变成了城区的一部分。下甸亦如此，原是垛田乡的一个村，1999年划归城区的昭阳镇。现在的下甸村已无一寸耕地，兴化市政府就坐落在下甸的

土地上。再说垛田乡（镇）也已改成街道，完全是加速融入城市的节奏了。如此说来，兴化本就是一座建在垛田之上的城市，不管郑板桥出生在城里，还是在下甸，反正他是垛上人无疑了。

这样说，似乎又有点强词夺理了。垛上人又搬出新的证据，这个证据也被专家学者所认同。铺开《垛田镇地形图》或登高俯瞰垛田大地，面对那大大小小、长长短短、歪歪斜斜的垛子，我们可以展开想象的翅膀：那无数个奇形怪状的垛子组合在一起，不正是乱石铺街的另一种呈现吗？我们似乎看到郑板桥或登上文峰塔远眺垛田，或泛舟河汊间近观垛田，或漫步菜畦中细品垛田。一次又一次，一天又一天，他忽然发现了垛田的凌乱之美，一种杂乱有

杂垛戏水　朱宜华　摄

章的别具韵味的美，何不将其融入自己苦苦思索的书法创新中去呢？于是就有了"六分半书"，有了"乱石铺街体"……是啊，那千姿百态、韵味十足的一个个垛田，与板桥书法又有何异？是垛田给了板桥创新的灵感，与其说"乱石铺街"，倒不如叫"杂垛戏水"为妙呢。

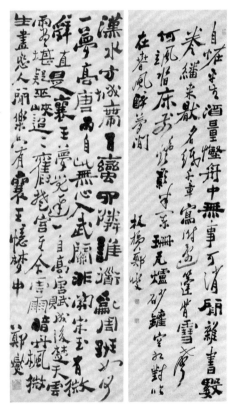

郑板桥的"乱石铺街"

第四节　吕厚民与《垛田春色》

想当初"养在深闺"，现如今"声名鹊起"，谁是垛田的"第一推手"？有人说得益于优秀摄影作品的传播，这话不假。那谁的贡献最大呢？答案只有一个，那就是吕厚民。

吕厚民何许人也？先说几个头衔：新华社记者、毛主席专职摄影师、中国摄影家协会分党组书记、中国文联副主席……再讲一段经历："文革"期间被打成"现行反革命"，全家下放到兴化县钓鱼公社杨家大队，时间达7年之久……可以想象，一个记者，一个摄影师，来到兴化，里下河独具魅力的风光怎能不让他心动？

然而，吕厚民是戴着"帽子"来的，背负莫须有的罪名，丢下最钟爱的事业，来到人生地疏的异乡，内心的创伤何时能愈合？对于他而言，这固然痛苦，可对于兴化尤其是摄影人来说，未尝不是一件幸事。兴化文化馆馆长王虹军是个有心人，那时他也受到批斗，只因有"拍照"手艺，得以留在岗位上。说是同病相怜也好，惺惺相惜也罢，人在危难之中，理当伸出援助之手，何况又是这样一位大家。

王虹军知道，仅凭一己之力，还有尴尬的身份，想去帮助吕厚民，谈何容易。或许是那时火热的斗争形势，还有繁重的宣传任务，给了王虹军启发：何不将吕厚民"借"来帮忙？让其发挥所长，参与拍摄兴化翻天覆地变化的照片。王虹军把这想法跟县里军代表汇报，军代表当即给钓鱼公社打电话。第二天下午，吕厚民就向王虹军"报到"了。事后王虹军才知道，同情吕厚民的远不止他一个，好多人都默默推了一把。

文化馆办公用房本来就紧张，王虹军硬是挤出一间六七平方米的"披屋"，给吕厚民做宿舍。吕厚民下放后，摄影器材都上缴了。想要开展工作，只得借用王虹军的那台禄莱双镜头反光相机。有时两人结伴而行，只好合用，一趟下来都搞不清哪张照片是哪个拍的。

王虹军以前拍过好多垛田题材的照片，有一次吕厚民看到了，大为惊呼，说兴化风光已够独特了，怎么还有这样的地貌？王虹军顺势邀请："垛田与兴化一河之隔，哪天陪你一块去。"吕厚民高兴地笑了，说正好还有两卷柯达彩色胶卷，拍垛田油菜花没有色彩可不行。王虹军有点舍不得，这可是摄影人的奢侈品啊。

大约在1974年，或许早个一两年，确切的年份王虹军也记不清了。那是清明节后的一天，天气格外的好，太阳暖暖地照着，风微微地吹着，湛蓝的天空不见一丝云彩。王虹军与吕厚民来到垛田，至于哪个村庄，事后他们也不知道，只说在城南一带。不过吕厚民见到垛田油菜花的神情，王虹军倒是记得一清二楚，像个小孩般欢呼：世所罕见，独一无二，肯定能出好片子。

蓝天碧水间，无数个垛子上开满了油菜花，倒映在如镜的河面上，三五条农船悠闲地劳作，多美的一幅垛田春色图啊。两人赶紧找了一处制高点，爬上去就拍。因为只有一台相机，也就你拍一会，我拍一会，一盒胶卷很快就拍完了。吕厚民意犹未尽，还想再拍，王虹军没让，省着用吧。

吕厚军《垛田春色》

照片冲洗出来，两人选了一张最为满意的，取名《垛田春色》。正值全国摄影艺术展征集作品，因为实在弄不清照片是谁拍的，而主办方只同意署一个名字，最后署名吕厚军，即吕厚民与王虹军合作拍摄。影展期间，碰上《中国摄影》杂志复刊，编辑直接就用这张照片作为 1975 年第 1 期的封面。这张照片后来入选了建国三十年优秀摄影作品集，上海人民美术出版社用它做了挂历，好多报纸刊物转发……

他乡虽好，终非久留之地。也许是《垛田春色》给吕厚民带来了好运，那一年，毛主席亲自批示恢复了他的工作。吕厚民先去了新华社江西分社，2 年后调到中国摄影家协会。

126

回到北京的吕厚民没有忘记"第二故乡"，多次来兴化，或考察采风，或访朋会友。2003 年 10 月，更是回兴化举办了"伟人风采和祖国山河"个人摄影作品展，里面自然少不了垛田的照片。

吕厚民在个人摄影展上发言
杨桂宏　摄

那《垛田春色》到底在哪拍摄的？现在可以揭开这个谜底了，它就在原垛田公社的沙垛大队，一个叫"丁头十八条"的地方，那里有一条百十米的长岸打头，旁边"丁"字形躺着十八个垛子，后来电影《寒夜》有个镜头也是在那儿拍的……

吕厚民在兴化接受记者采访
董维安　摄

现如今，吕厚军的垛田春色已成过往，每到垛上油菜花开时，总有人会怀念曾经的垛田春色，进而感激那些与垛田春色结缘的摄影人。

电影《寒夜》（1983 年）中的垛田

第五节　穆青的预言

垛上人知道穆青这个名字，是他的两篇文章：《县委书记的好榜样——焦裕禄》《为了周总理的嘱托》。谁会想到若干年后穆青会到垛田来，更没有想到他看似随意说的一句话，会对垛田的发展产生影响呢。

张皮垛的油菜花　朱春雷　摄

1994年4月9日上午，穆青来到了垛田，其时已是他卸任新华社社长的第三年。车停在乡政府院子里，换乘小快艇到张皮垛村，登岸走过一段圩路，来到临河一栋农家小楼。这是本地摄影家选中的点位，在这儿拍的垛田油菜花照片好多报刊发表过。

穆青显然被眼前的一幕惊住了，世上竟有这样的土地？他坦言，以前从未见过，像地道，像战壕，像八卦，何以形成，何时形成？陪同的市委副书记李柏荫一一作答。穆青拍了几张照片后，把目光投向更远处的垛田，沉思良久，忽而感慨道："这种地貌大有开发潜力，你们要好好珍惜，可以预见，垛田将会成为21世纪的旅游胜地。"

穆青为何来垛田，有多种说法。一说吕厚民的垛田摄

穆青在张皮垛　薛宏金　摄

影作品引起了穆青的兴趣，中国还有这样的地貌？一说退下来的穆青仍想着采写一篇反映苏南农村改革的通讯，这就是后来的《苏南农村第三波》，期间想拍一套像样的油菜花照片，江苏分社就推荐了垛田。一说穆青到江苏分社，看到墙上挂历正是垛田油菜花照片，忙问这是哪里？分社同志说，就在咱们兴化，于是欣然前往。不管哪种说法，都是冲着垛田而来。

　　穆青何以发出如此预言？从他在《苏南农村第三波》里写的一段话可以看出端倪。"苏南农村有一种说法：（20世纪）70年代造田，80年代造厂，90年代造城。这三句话生动地反映了苏南农村改革建设的三次浪潮，概括了苏南干部群众建设具有中国特色社会主义新农村的历史进程。"当穆青面对从未见过的垛田时，是不是又想到了那三句话，借以希望这片土地从"过去垒垛""现在种菜"，走向"将来旅游"呢？

也许李柏荫把穆青的预言报告给了市委市政府，也许这中间并无任何联系，时至今日，我们仍然能够感受到当时兴化旅游的"萌动"。1995年1月9日市委书记吕振霖在市委全会上的讲话中说："我市文化资源和自然资源都很丰富，要充分挖掘和利用这些资源，积极创造条件，加快我市旅游业的起步。"同年2月25日市长桑光裕在人代会上所作的《政府工作报告》也有类似表述："利用我市丰富的文化资源和自然资源，积极开辟旅游业。"一个用了"起步"，一个用了"开辟"，表明兴化发展旅游的积极定位。随后市委宣传部与垛田乡联合举办"金花艺

垛田金花艺术论证活动　李松筠　摄

术论证活动"，最早提出"垛田旅游"的概念，算是"开辟"垛田油菜花资源，加快兴化旅游业"起步"的一次预热吧。

不知道为什么，随后几年，兴化旅游好像沉寂了。我们不能用今天的眼光去评判过去的事情。那时提出开发垛田旅游，委实太过超前了，再说穆青的预言并没有任何的行政约束力。

时间总是匆忙，21世纪很快就到了。就在第一年，兴化成立旅游局，真正把旅游"摆上了议事日程"，首要任务就是实现穆青的预言。然而，旅游人几经努力，收效甚微，最大的瓶颈是垛田几乎看不到油菜花了。

既然城郊的垛田镇已无大面积恢复种植油菜的可能，垛田地貌又不仅仅只有垛田镇才有，那么别处的垛田呢？思路一变天地宽，这一找，还真找到了，缸顾乡东旺村就有很大一片油菜花，就盛开在垛田之上。到那一看，果真如此，垛是垛，水是水，花是花，格外分明。也有美中不足，垛田稍显规整，看得出年代不是太久。

决策者喜出望外，先"游"起来再说。于是因陋就简，土法上马，2006年4月，"千岛菜花景区"对外开放了。事后参与者自嘲，我们就"5个2"——2个管理人员，2平方米活动板房，2条游船，2百米木栈道，2万元门票收入。垛田旅游开始"起步"了，不过距离穆青的预言实现还相当遥远。

机遇没有先后，总是恰到好处。2007年4月7日，中央领导要来兴化考察，想让首长留下好印象，盛开着油菜花的垛田无疑是最好的去处。首长去了"万亩油菜基地垛田"，其实就是"千岛菜花景区"。像无数第一次见到垛田油菜花的人一样，首长非常高兴，对这种独特的地貌以及生长其上的油菜花大加赞赏，并提出希望，要与新农村建设有机结合。

这更加增添了垛田旅游的信心与力量。接下来的两年，政府加大千岛景区基础设施投入，流转农户土地，建立专门机构。2009年4月，兴化举办了首届"千岛菜花旅游节"，从此垛田旅游按下了"快进键"……

从穆青1994年说出那句预言开始，到2009年垛田开始真正的旅游，中间相隔了整整15年。这不禁让人想起他笔下的吴吉昌，为了周总理的嘱托，凭着"啥也别想挡住俺"的决心和干劲，差不多也是花了15年，攻克了棉花脱蕾落桃的难关。这中间有没有某种渊源呢？21世纪才过去五分之一，穆青的预言已在眼前，垛田旅游未来可期。

第六节 名家眼里的垛田

史籍中少有关于垛田的记载，反倒是一帮文人抢先在他们的诗文中描述了垛田。乾隆年间，兴化诗人任陈晋在《偶怀家乡风景》里说："三十六垛菜花圃，六十四荡荷花田。虽无险峻奇风景，恰得平流自在天。"其早前另一首《看菜花》更为传神："一棹平沿郭，千流暗汇村。水香纷过岸，花径曲成门。秀被人讴蔢，黄裳像拟坤。河阳处处锦，不隔武陵源。"任陈晋是不是第一个把垛田写进诗文的人？有人说，比他早的还有孔尚任呢。孔尚任曾在兴化拱极台创作《桃花扇》，与本地文人交往甚密。他在《答王歙州》一信中说："昭阳城外，菜花黄否？去年风景，结想魂梦，不知何时驾小艇，泛清波，晤足下于黄金世界，一饱穷眼也！"什么样的菜花需要"驾小艇，泛清波"才能"一饱穷眼"？说是在"昭阳城外"，那不正是垛田嘛。

自此以后，或者更早，讴歌兴化油菜花的诗文不在少数，可却很难再发现垛田的印记。也就是说，这些作品中的油菜花并非生长在垛田之上，有的在田头沟畔，有的在庄前屋后，更多的则是成片大田里的所谓"花海"，没有垛田特有的"漂"在水上的韵味。或许当时的文人并不觉得垛田有多特别，以为全天下到处都是垛田呢。

1987 年的某一天，有位诗人终于体悟出垛田的不一样了。在他眼里，垛田成了千岛湖，成了十二版纳。"千岛湖，轻扯着云帆，飞过了长江。十二版纳，撩起筒裙，沐浴在苏北水乡……"这位诗人就是冯亦同，诗名叫《兴化垛田印象》。这或许是现当代第一首真正意义上表现垛田主题的诗歌。

那第一个把垛田写进散文的呢？只能是忆明珠了。这位"诗文俱佳的才子"，1995 年春天来到了垛田。虽说他曾是"扬州人",却如同发现"新大陆",惊叹家乡还有如此迷人的长在垛上的油菜花。于是童心大发:"我若是个孩子,一定会组织起一班'小萝卜头',到垛田里'捉迷藏''打埋伏''开展游击战'。"他把这奇思妙想倾注于笔端,也就有了《扬子晚报》上的美文《垛田菜花黄》。

1996年,贾平凹是在《废都》备受责难时到垛田的。当他乘舟徜徉于迷宫一样的垛田后,忽然难得地笑了。这笑是从心里流淌出来的。一路上,他不停地感慨:"难怪施耐庵能写出神神秘秘的水泊梁山,能写出浪里白条这样栩栩如生的水上人物。不虚此行,不虚此行。"说者无意,听者揣摩,这"不虚此行"似应还有别的意义?

几年后,陆星儿应朋友之邀来到垛田。可以妄断,

贾平凹在垛田为读者签名 李松筠 摄

早春三月的垛田之行是她离开人世前的一段最快乐的时光。她惊叹垛田油菜花"集体的壮美"，诧异造物主的神奇与诡秘，回去不久就写出了《春风一夜"落黄金"》。读这样的文章，心情总是复杂的，愉悦、感慨、哀婉，同时又有些许庆幸，垛田这片土地曾经给过陆星儿以心灵的慰藉。

就算到了此时，乃至再往后几年，垛田进入文人视野的作品仍是寥寥无几。即便到了2009年，兴化都举办"千岛菜花旅游节"了，文人墨客也来过不少，但主动为垛田创作的诗文并不多见。这样一来，兴化作家按捺不住了，先是本土作者纷纷出手，诗歌、散文、小说悉数登场，继而在外的名家大咖也亲力助阵了。

一切像是安排好的。2010年10月，第五届鲁迅文学奖评选揭晓，王干的《王干随笔选》上榜。家乡自然在第一时间向"干老"祝贺，相约明年垛上花开时来一次"鲁奖作家兴化行"。时间倏忽而过，转眼就是春天。那一届获奖的五位散文大家来了四位：熊育群、郑彦英、王干、陆春祥。毕竟少了一位，"干老"觉得不够"圆满"，又力邀往届获奖者徐坤，还有艾克拜尔·米吉提。作家们看了垛上油菜花，看了长在垛上的森林，回去不久交出"作业"，一篇篇垛田美文见诸报端。

原本是作家、评论家的费振钟，后来在公众面前的身份更多的是文化学者。2010年起，他到泰州挂职，主要

电影《垛上花》海报

工作就是研究家乡的乡镇，"观察地方文化与乡镇发展之间的关系"。垛田是他的必选，《垛田镇》和另外七篇同类文章，陆续发表在《十月》杂志上，后结集《兴化八镇》出版。"费夫子"笔下的垛田，带给读者的已不完全是奇美独特的风景，而是多了几分担忧和发问：城市扩张与垛田保护如何协同推进？农业文明遗产的垛田景观，真的要成为历史标本了吗？

电影《哺乳期的女人》海报

　　毕飞宇对垛田的关注更为多元。还在《雨花》编辑部时，他就邀同事到家乡看看，看垛田地貌和生长其上的油菜花、杉树林。后来姜琍敏发表在《人民日报》上的散文《哦，垛田》，还有梁晴的《锦绣》等就是那次的收获。兴化市委宣传部早就想请毕飞宇为家乡写篇文章，最好写写垛田。等他发过来，却是《中堡湖》，这或许正是毕飞宇的特别之处，"当大家都簇拥到垛田油菜花面前时，我

大卫·范恩在垛田　吴萍　摄

又何必去凑那个热闹？"说实话，他的《中堡湖》有点
"批判现实主义"意味，如今"退渔还湖"已成社会共识，
也许他在给以某种暗示，中堡湖与垛田难道没有相似之处
吗？没多久，根据老毕短篇小说《哺乳期的女人》改编的
电影就在垛田拍摄了。老毕在接受澎湃新闻采访时坦言：
"我的故乡有垛田，有大片大片的油菜花，有水上森林，
我估计杨亚洲（导演）割舍不下那样的风景。"仅仅是杨
导"割舍不下"吗？隔几年，老毕跟一位美国作家说，到
我家乡看看吧，那里有垛田……这个美国人还真的来了，
成了"文学之城"兴化的驻城作家，他叫大卫·范恩。大
卫·范恩在兴化住了一个月，看了垛田，看了水上森林，
可惜没看到油菜花。这不怪老毕，只怪大卫·范恩太心急，

来早了，但这并不影响他与垛田老农一道扒芋头，与垛田农民画作者交流互动，把在垛田的感受写成文章发表在他家乡的报纸上。

第六章　垛名远扬

2009 年 4 月，兴化举办首届以垛田为主题的"千岛菜花旅游节"。正是从这一年开始，垛田的知名度井喷式爆发。似乎是一夜之间，各种荣誉纷至沓来。从最初的"全国最美油菜花海"，到江苏第一也是目前唯一的"全球重要农业文化遗产"，再到具有突破性意义的"全国重点文物保护单位"，以及"世界灌溉工程遗产"，乃至"全球四大花海"……

第一节　千垛菜花旅游节

早在 1995 年 4 月，借着穆青那句吉言——"垛田将会是 21 世纪的旅游胜地"，兴化市委宣传部和垛田乡政府联合举办了"垛田金花艺术论证会"。从活动名称可以看出，那时主办方对垛田油菜花还不是太自信，把它美名为金花。从北京、上海、南京来了一大帮人，有摄影家、书画家、作家、音乐家、园林专家、油菜专家……来宾先

垛田金花艺术论证会　李松筠　摄

张成之（左）题写"田无一垛不黄花"
李松筠　摄

是登上张皮垛一座农家小楼，俯瞰满垛的油菜花，接着又乘渔船，近距离观赏油菜花……论证会上，市委书记、市长都参加了。这次会上最大的收获就是原上海一大纪念馆馆长、书法家张成之先生写的那句话——"河有万弯多碧水，田无一垛不黄花"，后来几乎成了垛田的推介语。所有与会者信心满满，相约明年"金花节"再次相会垛田。

然而事与愿违，垛上人没等来他们盼望的节日。也许那时发展旅游的氛围尚未形成，但真正的原因还是垛田乡黄色的油菜花越来越少，绿色的香葱越来越多。香葱效益可是油菜籽的 5 倍左右，划不来啊。古人还讲"天时地利人和"呢，看来"事在人为"这句话有时也不管用。市领导也说了，慢慢等吧，金花节会来的。

这一等就是 14 年。这期间，开发垛田油菜花旅游资源的呼声越来越高，指望近郊垛田的油菜花已经不现实了。好在兴化西部乡镇也还有垛田地貌，虽不及城郊垛田面积大、历史久，但有一点又是城郊垛田所不及的，那就是那里的垛田依然连片盛开着油菜花。也是等不及了，明知道"舍近求远"会有遗憾，但兴化旅游必须要有突破。既然这里有大片垛田油菜花，那就先"游"起来再说。2009年4月，兴化终于以垛田之名举办了首届"千岛菜花旅游节"，所不同的是地点从垛田镇搬到了缸顾乡。就像当初用金花比喻油菜花一样，这一次同样借用千岛替代垛田，看得出还是信心不足。这也难怪，仅仅搭了一座观景塔，添了几条小游船，铺了几百米木栈道，就能把游客"忽悠"来了？没想到，一炮打响，谁叫"兴化垛田、天下唯一"呢，慕名而来的游客络绎不绝。新浪网在第一时间将兴化油菜花海评选为"中国最美油菜花海"。接下来的几年，

花海人潮　顾晓中　摄

五彩垛田　朱宜华　摄

游客量连年大幅度增长。知名度高了，也带来了尴尬之事：一提"千岛菜花旅游节"，好多人还以为是在浙江的千岛湖呢。成功无疑会增长自信，到了 2014 年，主办方适时将节名改成"千垛菜花旅游节"。又有专家提出，何不直奔主题，就叫"垛田菜花旅游节"呢？殊不知，油菜花景区并不在垛田镇，冠上垛田之名，未免不太严谨，尽管专家说的是土地形态的垛田，但不知情的人仍然理解为行政区划的垛田。

　　"千垛菜花旅游节"的巨大成功也催生了一个新的乡镇的诞生。2018 年，兴化在推行新一轮乡镇合并时，将原缸顾乡、李中镇以及西郊镇大部分村合并，成立千垛镇。也许这与电影《柳堡的故事》催生了柳堡镇，小说《消失的地平线》催生了香格里拉市，有着异曲同工之妙。但我们更愿意相信，这是兴化整合旅游资源，冲向更高目标——"国家全域旅游示范区"迈进的实际举措。因为就在新的千垛镇，还有另一处长在垛田之上的"水上森林"，还有现在已被命名的"里下河国家湿地公园"。

第二节　全国重点文物保护单位

垛田无论是作为一种文化现象，还是一种农业景观，过去仅仅通过文字和图片传播，还有游客的口口相传，而这远远不够，她极其需要一个名分，一个官方认可的名分。这个名分首先必须在文化上予以认同，或作为文物保护单位，或作为非物质文化遗产。

早在 2006 年，兴化文化部门即有此想法。但要把垛田评定为文物保护单位，这在当时还存在观念上的障碍。作为一种特殊的地貌，脱不了是耕地形式的一种，怎么发掘其文物价值？更为棘手的是，一旦真的成为文物保护单位了，那么在一家一户手上种植的垛田又该如何保护？保护的范围如何划定，是选择一个区域，还是所有垛田都纳入其中？保护的标准如何制定，是按最初的垛田形态保护，还是只认当下的现状？保护的措施如何到位，面广量大的垛田怎么监管？这些问题都需要妥善考虑和解决。

2008 年，全国开展第三次文物普查，这样的疑虑再次被提出，垛田到底是不是不可移动文物？所有参与普查的人员都不敢确定，但也不敢轻易否定。当时普遍的观点是不可移动文物一般归纳于古遗址、古墓葬、古建筑、石窟寺及石刻、近现代重要史迹及代表性建筑中的某一类别，而垛田无论与哪一个类别都对应不上。可垛田又实实在在是劳动人民创造的，且在全国乃至世界范围内没有第二处发现。如果能被认定为文物保护单位，又何尝不是一次标志性的重大突破？最后得出结论，不如先将垛田作为不可移动文物，归入其他类，上报省文物局审核。尽管文物局领导和专家也存有争议，但并不妨碍他们把兴化垛田列入江苏省第三次全国文物普查"十大新发现"评选名单。颇让兴化人自豪的是：那一次参评"十大新发现"的 20 个项目，兴化有 2 个，除垛田外，还有影山头古文化遗址。正如大家所预料的那样：影山头古文化遗址当选，而垛田只是入围。但随后又有好消息传来：兴化垛田入选第三次

保护区里的垛田地貌

全国文物普查重大新发现。既然都作为"重大新发现"了，事实上也就形成共识，2009 年 11 月，"垛田地貌"被兴化市政府公布为第三批文物保护单位。

有了"县保"，也就为申报"省保"打下了基础。随后的 2010 年，江苏省第七批文物保护单位申报工作启动。到了这个时候，提出将垛田申报为省保已不再有人质疑。兴化加班加点，将垛田申报省保的文本如期上报。省文物局态度谨慎，多次带专家到垛田考察，在实地了解并询问相关问题后，给出初步意见。2011 年 12 月，江苏省政府公布第七批省级文保单位，"兴化垛田"荣列其中。

4 年后，兴化着手申报国家历史文化名城。从申报标准和现已申报成功的城市来看，全国重点文物保护单位的多少起着决定性作用。其时，兴化仅有上池斋一处国保，在筛选国保预备名单时，秉持既要"多多益善"，更要"好中选优"的原则，垛田列入首选名单。借

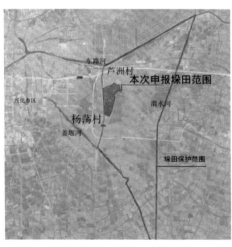

全国重点文物保护单位兴化垛田申报范围

助名城申报，兴化抢先邀请
专家实地考察垛田，研究垛
田的成因与历史，剖析垛田
与古城兴化的关系，同时提
炼垛田的文化价值。当 2018
年全国第八批重点文物保护
单位申报工作启动时，兴化
就显得从容了许多。2019 年
10 月，"兴化垛田"顺利成
为第八批全国重点文物保护
单位，同时入选的还有蒋庄
遗址。

全国重点文物保护单位——兴化
垛田

第三节　全球重要农业文化遗产

　　相较于垛田申报全国重点文物保护单位，其间存在诸
多观念上的差异，而将"兴化垛田传统农业系统"申报为
"全球重要农业文化遗产"，大家的意见却是高度统一，
可谓一路绿灯，一气呵成。当然，有了"全球重要农业文
化遗产"的名号，也为垛田顺利成为"全国重点文物保护
单位"提供了有益借鉴。

　　2002 年，联合国粮农组织（FAO）发起设立全球重
要农业文化遗产（GIAHS）保护项目，旨在建立全球重要
农业文化遗产及其有关的景观、生物多样性、知识和文化

保护体系。这项活动开展较早，等到中国有项目被命名为"全球重要农业文化遗产"时，已是 2006 年。那个项目是浙江青田的"稻渔共作系统"。

正如前文所说，垛田作为不可移动文物的归类有一个从模糊到清晰的过程，但作为一种农业文化遗产或将其农业生产技艺归入"非物质文化遗产"，则几无争议。正是基于这样的认识，2009 年 10 月，兴化市政府借势将"垛田生产技艺"列入兴化市第二批非物质文化遗产保护名录，这是垛田获得的第一个官方认可的文化身份。

旅游节庆活动带"火"了垛田，这是传统传播方式很难达到的效果。这不仅引来了四面八方的旅游观光者，就连文化界、学术界也对这方水土充满了好奇，进而产生研究的兴趣。2010 年 8 月，江苏省政协农业文化遗产保护专题调研组专程到兴化调研垛田，调研组成员、南京农业大学人文社会科学学院院长王思明当时正在筹备首届"中国农业文化遗产保护论坛"，觉得有必要让文化遗产地的文化官员出席。这年 10 月，兴化人在分论坛上向国内外学者作了题为《垛田保护面临的困境与设想》的报告。这次论坛上还来了一位重量级人物，后来对垛田申报"全球重要农业文化遗产"起了决定性作用。他就是闵庆文，全国政协委员、博士生导师、研究员、中国科学院地理科学与资源研究所资源生态与生物资源研究室主任、全球重要农业文化遗产科学委员会委员兼中国项目办公室主任、东亚地区农业文化遗产研究会执行主席⋯⋯

闵庆文接受央视采访时介绍兴化垛田

闵庆文教授后来在一篇文章中说："垛田不仅是一种有别于梯田、圩田等的独特的土地利用方式，更是凝聚着劳动人民智慧的农业生产系统。这一生产系统不仅生产了可以满足人们需要的、具有地方风味的农渔产品，还保育了物种资源与生态环境，创造并发展了适应性的农耕技术与工具、乡村文化与田园景观，是一类重要农业文化遗产。"

尽管"青田稻渔共作"早在 2006 年就入选"全球重要农业文化遗产"，但我国直到 2013 年才开展"中国重要农业文化遗产"的评选。也就是说，今后只有进入中国重要农业文化遗产名单，才可申报全球重要农业文化遗产。这一年，国家布置申报中国重要农业文化遗产。兴化挖掘提炼垛田农业文化遗产的"六大"特征，即悠久的农耕历史、典型的水土利用模式、丰富的生物多样性、独特的生产生活方式、多彩的传统文化、绝美的四季景观。得"天时地利人和"，"兴化垛田传统农业系统"成功进入首批"中国重要农业文化遗产"名单。获得命名之后，兴化迅速启动垛田申报"全球重要农业文化遗产"工作。

2014 年 4 月 7 日至 10 日，兴化承办了首届东亚地区农业文化遗产学术研讨会。联合国粮农组织与中日韩三国农业官员、科研人员、专家学者、文化遗产地代表以及媒体记者约 200 人出席。与会人员实地考察了垛田地貌，尽情观赏了垛上油菜花，深入了解了垛田传统农业系统。这次活动将兴化垛田展示在世界面前，推动了东亚地区农业文化遗产的学术交流，加强了遗产地之间的互动与合作，同时也畅通了"全球重要农业文化遗产"的申报之路。

与此同时，兴化委托中国科学院地理科学与资源研究所编制《兴化垛田传统农业系统（GIAHS）保护试点申报材料》和《江苏兴化垛田传统农业系统保护行动计划》，并报送 GIAHS 秘书处。当年 4 月 28 日至 29 日，联合国粮农组织在意大利罗马召开 GIAHS 指导委员会和科学委员会会议，有一项重点议程就是评审全球重要文化遗产申报项目。兴化派出市政府分管副市长、农业局负责人组成

联合国粮农组织为"兴化垛田"全球重要农业文化遗产的授牌

2017年"一带一路"国家农业文化遗产管理与保护研修班在兴化垛田
朱会林　摄

的三人申报团队，现场陈述申报理由并解答提问，播放了精心制作的专题片《兴化垛田——一道罕见的风景奇观》。最终顺利通过评审，兴化垛田成为江苏省第一个也是迄今为止唯一一个"全球重要农业文化遗产"。

第四节　世界灌溉工程遗产

2022年10月6日，在澳大利亚阿德莱德召开的国际灌排委员会第73届执行理事会上传来激动人心的好消息：江苏省兴化垛田与四川省通济堰、浙江省松阳松古灌区、江西省崇义上堡梯田同时入选2022年（第九批）世界灌溉工程遗产名录。

兴化垛田获得世界灌溉
工程遗产证书

国际灌排委员会第73届执行理事会公布第九
批世界灌溉工程名录

　　国际灌溉排水委员会（ICID）的历史相对较早，1950年即在印度新德里成立。这是一个在灌溉、排水、防洪、治河等科学技术领域进行交流与合作的国际非政府间学术组织。作为科学、技术、专业和自愿参加的非政府且非营利的国际组织，其宗旨是鼓励和促进工程、农业、经济、生态和社会各领域的科学技术在水土资源管理中的开发和应用，推动灌溉、排水、防洪和河道治理事业的发展和研究，并采用最新的技术和更加综合的方法，为世界农业可持续发展做贡献。中国于1983年成为该组织会员国。

　　垛田本就是兴化先民应对水患灾害、垒土堆高田块的产物。这种独具特色的垛形土地，巧妙利用自然，改造自然，形成自成体系的水利生态系统，至今仍具备灌溉排水、防洪抗旱的功能，并发挥生态农业、景观旅游的效益。有专家学者认为，兴化垛田是里下河地区历史地理和农业生态系统变迁的"活化石",是沼泽洼地与水争地、治水保田的智慧结晶,是人与自然和谐共处的诗意创造。

兴化的历史从某种程度上来说,完全可以称之为一部治水史。长期的治水实践,造就了兴化的圩田,同样造就了兴化的垛田。垛田这样一种水文景观固然具有独特价值,但起初兴化并没有想到需要申报世界灌溉工程遗产,而是于2014年将千垛菜花景区创建成江苏省首批水利风景区。2018年,兴化启动垛田申报国家水利风景区工作。同年10月,水利部组织专家到兴化现场评审,最终以高票顺利通过评审认定。

正是在这次现场评审中,水利部水土保持司官员向兴化市政府提出:兴化垛田历史悠久的灌排工程体系符合世界灌溉工程遗产申报条件,可以向国际灌排委员会提出申请,以进一步提高兴化垛田的无形价值。兴化当即启动申报工作。对照申报标准及必须具备的价值,兴化垛田哪一方面都符合并且占有绝对优势,无论是它在灌溉农业发展中的里程碑转折点的意义,还是在其建筑年代属于工程奇迹,抑或悠久的文化传承,堪称可持续运营管理的经典范例,等等。但事与愿违,也许理解不够透彻,也许提炼不够到位,也许准备不够充分,在世界灌排委员会组织的初审中,兴化垛田未能如愿走出"国门"。好在有了申报基础,也知道短板在哪里,那就再请专家出谋划策,提升自身软、硬实力,争取更多的支持。这一次可谓万事俱备,

"世界灌溉工程遗产——兴化垛田"揭牌仪式　陆凤山　摄

只等评审了。因为"新冠疫情"影响，2022年4月，中国灌排委员会通过视频连线的方式进行申报工作的国内初审。兴化安排了"一主三点"的视频现场。在主会场，分管副市长汇报了垛田灌排工程体系的具体情况，在水利文化馆、千垛菜花景区、垛田街道高家荡村三个直播点，相关人员做了实景式介绍和展示。经专家组评审，兴化垛田灌排工程体系以高分列入2022年度世界灌排工程遗产中国候选工程。同年10月，成功入选世界灌溉工程遗产名录。

兴化垛田入选世界灌溉工程遗产名录，这是兴化水利发展史上的第一个国际性荣誉，也是江苏省申报世界灌溉工程遗产的又一重大突破。

第五节 "全球四大花海"之"垛田油菜花"

2016年跨年之夜,来自世界各地的游客欢聚纽约时报广场,等待零点钟声的响起。忽然,电视大屏上出现了他们从未见过的风景——来自中国的"兴化垛田油菜花"。偌大的人群当中没有几个人到过兴化,更没有几个人见过垛田油菜花,一个个都蒙圈了,满脸的惊愕,地球上还有这样的土地,还有这样漂在水上的油菜花?

纽约时报广场上的垛田油菜花

纽约时报广场素有"世界的十字路口"之称,是天下游客向往的地方。江苏省旅游局为策应"2016 中美旅游年",制作了一部名为《畅游江苏 感受美好》的宣传片,投放到纽约时报广场的电视大屏上滚动播出,里面特地挑选了两幅精美的垛田油菜花摄影作品。

这不是垛田油菜花第一次走上世界舞台了,至少在一年多前，垛田油菜花就已经在意大利罗马亮相过了。兴化人前往总部在意大利罗马的联合国粮农组织，为"垛田"申报"全球重要农业文化遗产"，带去了一部《兴化垛田——一道罕见的风景奇观》宣传片。可以想见，垛田油菜花这样的"风景奇观"无疑打动了现场每一个爱美的人。也许这样的活动太过学术化了，兴化人期盼的在意大利掀起垛田油菜花"旋风"的愿望并未实现。毕竟联合国粮农组织看重的是垛田的传统农业系统，而非生长其上的油菜花。

如果再往前推，垛田油菜花走出国门则是在 2013 年12 月，地点在美国的另一个城市洛杉矶，采用的也是另一种形式——电影画面。那是第九届中美电影节，根据兴

花海晨雾　张颖峰

化籍著名作家毕飞宇同名小说改编的电影《哺乳期的女人》也在参演之中，影片正是以垛田和生长其上的油菜花为背景。是不是这样的电影节有点"小众"了，抑或观众只注重情节，而忽略了背景，《哺乳期的女人》虽说获得了金天使奖，但就垛田油菜花的影响力而言，并不如纽约时报广场上的电视大屏深远。三个月前，这部带着垛田油菜花香的影片还走进了加拿大，参加了第37届蒙特利尔世界电影节，获得艺术创新大奖。加拿大人有没有借此记住垛田呢，无从而知。

　　短短几年，垛田油菜花频频走向世界。这固然要感谢祖辈留下的这份宝贵的叫作垛田的土地财富，但更应该记住2009年这个年份。这一年，兴化人终于发现了垛田潜在的旅游价值，且付诸行动，举办了首届"千岛菜花旅游节"。正是这样的行动，"垛田油菜花"先是被新浪网评为"中国最美油菜花海"，后又被"好事"的网民称作"全球四大花海"之一。这让兴化人颇为自豪，要知道另外三家可是鼎鼎大名的：法国普罗旺斯薰衣草园、荷兰郁金香花海、日本京都樱花。一切顺理成章，随着垛田获得一个个"世界级"名号，于是也就有了纽约时报广场上的垛田油菜花的惊艳亮相。

　　说是"全球四大花海"，

邮票上的垛田

新时代江苏旅游发展论坛

这本是网民的一次"狂欢"，并没有哪家机构认定。然而，敏感的兴化人从中发现了某种可能。既然那么多网友认可"全球四大花海"，我们何不将其"坐实"，组建一个"全球四大花海"联盟？当真正要做这件事时，还是觉得底气不足。在另外三大花海面前，垛田油菜花虽说历史也够久远的，可在国际名分上仅仅是个"后起之秀"，他们会认同吗？带着这份忐忑，兴化旅游人硬是开展了一次花海间的"合作之旅"，拜访了这三个国家的驻华旅游机构，展示自己，推销自己。功夫不负有心人，终于达成了合作意向。

"2019新时代江苏旅游发展论坛"在兴化举行。不同的花期、不同的花色、不同的语言，探寻同一条合作路径——推进全球花海经济领域的国际合作。就在这次论坛上，兴化人与法国、荷兰、日本驻华旅游机构代表实现了"第一次握手"，共同打造和宣传推广"全球四大花海"旅游品牌。这样的合作本应趁热打铁、乘势而上，没想到

全球四大花海联盟活动兴化现场

第二年"新冠疫情"来了，愿景暂且搁置。即便如此，2021 年的"中国·兴化千垛菜花旅游节"开幕式上，兴化人还是牵头组织了一场"四大花海间的对话"，现场视频连线，共商未来发展。这一来，"垛田油菜花"也算是走进日本、走进法国、走进荷兰了。

垛田油菜花无论是久远的历史，还是当今的美誉度；无论是独一无二的地貌，还是独具特色的美景，完全担得起"全球四大花海"之一这份荣耀。这样的创意至少能让更多的外国人知道，地球上还有另一片花海，一片盛放在垛田之上的油菜花海。

后　记

　　2023 年 9 月，接到江苏凤凰美术出版社电话，约我为"东方文化符号"写一本关于垛田的口袋书。说实话，我第一时间是犹豫的，甚而想婉拒。按理，作为一个土生土长的垛田人，后来又从事宣传文化工作多年，且一直致力于垛田文化传播，写这样一本普及读物应当不成问题。可我毕竟不是一个真正的文史研究者，更不能说是垛田"百事通"。然而，当我想起两个月前经历的一件事，猛然觉得很有必要把这个任务承担下来，不仅要做，而且要做好。

　　我曾经有个梦想，把垛田申报为世界文化遗产。这个梦想自 2014 年 4 月以来表现得更为强烈，其时兴化垛田被联合国粮农组织评定为全球重要农业文化遗产。等到了 2019 年 10 月，当兴化垛田被国务院公布为第八批全国重点文物保护单位之后，作为兴化的宣传主官，我专门为"申遗"组织了一次研讨，并着手准备资料。只是机不可求，那几年相关组织和部门并未布置此项工作。

　　2023 年 4 月，机会终于来了，国家文物局启动《中国世界文化遗产预备名单》更新工作，要求每个省推荐 2 个预备项目。这样的机会万万不可错失，世界文化遗产预备名单每 10 年才更新一次。好在兴化垛田已经有了申报全球重要农业文化遗产和全国重点文物保护单位的基础，编制世界文化遗产申报文本也就显得从容许多。7 月 19 日，省文物局召开预备名单更新项目专家评审会。参评项目共有 4 个：南京明代都城遗址、中山陵及其附属建筑、兴化垛田、丹阳南朝齐梁陵墓及石刻。这次评审就是从中推荐 2 个项目提交省政府，再由省政府上报国家文物局。兴化市委市政府安排我向专家评审会汇报，应该说我尽力了。专家现场投票，当众公布结果，兴化垛田排名第二，第一名是南京明代都城遗址。谁都以为兴化垛田肯定入选预备名单了，然而几天后得到的消息，省领导觉得另一项文化遗产更为重要，兴化垛田被否决了。遗憾之余，我也冷静思考：为什么专家对垛田的认可度不占绝对优势？为什么决策层对垛田申遗信心不足？为什么主管部门不去据理力争？我只能说，兴化垛田要做的事还有很多，那就从普及垛田文化开始吧。

　　这样一来，为兴化垛田写一本口袋书，就不是个人行为了，而是职责使然。不过，在草拟写作大纲时，还是有些担忧，此前我只写过小说散文，并没有或很少写过此类体裁的文章，更谈不上这么多篇。垛田虽说历史悠久，但文字记载很少，更缺乏权威研究资料的佐证。

好在我这些年一直保持对垛田的关注，平时留意对垛田史料的搜集，写过一系列推介垛田的散文。2011年曾策划编写《神奇垛田》一书。2015年还专门创作了一部名为《垛上》的长篇小说，洋洋洒洒40万言。2022年为《泰州晚报》开设"我与垛田"专栏，写了50多篇专题文章。2023年4月，发起成立兴化垛田研究会，并担任会长……这一切都给了我信心。于是，潜下心来，查阅资料、田野调查、走访座谈，然后怀着虔诚之心、敬畏之心、感恩之心，投入到写作中去。

不过，写作过程中也遇到一些难题。比如，根据最新考古发现，特别是兴化境内草堰港遗址的发掘，证明至少在7000多年前，里下河地区已经形成潟湖，远古人类已经在潟湖边缘的高地上繁衍生息，而我只能"从前说"。还有关于垛田的成因与年代，学术界颇有争议，并未达成共识，而我只能在"从众说"的基础上，加入个人的调查与见解。在此略作说明。

现在，这本《兴化垛田》终于呈现给读者了。感谢生我养我的垛田这方土地！感谢我所供职的兴化市政协将本书列入2024年工作计划！感谢为本书提供帮助的所有朋友！

刘春龙